大自然の贈りもの

雲の大研究

気象の不思議がよくわかる！

気象予報士

岩槻秀明

PHP研究所

Introduction

はじめに

現代人《げんだいじん》は何《なに》かといそがしくて、下《した》ばかり見《み》ていることのほうが多《おお》いと思《おも》います。街《まち》行《ゆ》く大人《おとな》たちは、時間《じかん》やいそがしさに追《お》われてか、下《した》を見《み》ながら早足《はやあし》で歩《ある》く人《ひと》がとても多《おお》いです。また、子《こ》どもたちも、テスト勉強《べんきょう》やパソコン、テレビゲームなど、机《つくえ》やモニターに向《む》かったきりで、空《そら》を見《み》上《あ》げる機会《きかい》がぐっと少《すく》なくなっているように思《おも》います。

下《した》ばかり見《み》ていると、姿勢《しせい》も悪《わる》くなるし、目《め》もつかれてしまいます。なによりも、なんだか気分《きぶん》まで暗《くら》くなってしまいます。いそがしいのは仕方《しかた》がないとしても、つかれたらちょっと一息《ひといき》入《い》れて、空《そら》をながめてみてはいかがでしょうか？

空《そら》はとても広《ひろ》いのです。地球《ちきゅう》は、この広大《こうだい》な青空《あおぞら》のキャンバスに、とても美《うつく》しい雲《くも》の絵《え》を描《えが》いていきます。

「都会《とかい》だから自然《しぜん》がない。ゴミゴミしていて毎日《まいにち》の生活《せいかつ》に息《いき》がつまる」

そう思《おも》ったらまず空《そら》をながめて、地球《ちきゅう》が作《つく》った芸術作品《げいじゅつさくひん》をゆっくりとながめてみることをおすすめします。青空《あおぞら》に広《ひろ》がる真《ま》っ白《しろ》い巻雲《けんうん》を見《み》たら、きっと心《こころ》が洗《あら》われる思《おも》いがするでしょう。

また、地球《ちきゅう》は気《き》まぐれで、二度《にど》と同《おな》じ作品《さくひん》を作《つく》ってくれません。しかも、作品《さくひん》は刻々《こつこく》と姿《すがた》を変《か》えていきます。今見《いまみ》える空《そら》は、今《いま》だけのとても貴重《きちよう》なワンシーンなのです。

つまり、ひとつひとつの雲《くも》は全部《ぜんぶ》「オンリー・ワン」。気象学的《きしようがくてき》には、似《に》たような雲《くも》をひとまとめにして名前《なまえ》をつけていますが、どれひとつとっても同《おな》じ形《かたち》はありません。雲《くも》ひとつひとつに個性《こせい》が光《ひか》っています。

素敵《すてき》な雲《くも》に出会《であ》ったら写真《しやしん》に撮《と》っておくと、後《あと》で見返《みかえ》してみると楽《たの》しいです。アルバムに個性《こせい》あふれる空《そら》の写真《しやしん》を１枚加《まいくわ》えてみてはいかがでしょうか？

この本《ほん》では、雲《くも》に関《かん》するいろいろな知識《ちしき》を少《すこ》し堅苦《かたくる》しい文章《ぶんしよう》でのせています。この本《ほん》を熟読《じゆくどく》して、知識《ちしき》を身《み》につけるのもいいのですが、まず理屈《りくつ》で考《かんが》える前《まえ》に、空《そら》を見上《みあ》げてみてください。知識《ちしき》や学問《がくもん》では語《かた》れないような空《そら》の魅力《みりよく》が、目《め》で、肌《はだ》で感《かん》じられるはずです。そうすると、いろいろな疑問《ぎもん》が自然《しぜん》とわいてきます。

あの雲《くも》には名前《なまえ》はついているのかな……、雲《くも》はどうして落《お》ちてこないのだろう……などなど。

そういった疑問《ぎもん》がわいたときに、この本《ほん》が少《すこ》しでもお役《やく》に立《た》てればとてもうれしく思《おも》います。

岩槻秀明《いわつきひであき》

Contents

もくじ

Contents

もくじ

第《だい》1章《しよう》

雲《くも》の不《ふ》思《し》議《ぎ》

雲《くも》の正体《しょうたい》は水蒸気《すいじょうき》じゃない！

日曜日《にちようび》の昼下《ひるさ》がり、はるちゃんとお父《とう》さんが野原《のはら》にねころんでこんなお話《はなし》をしていました。

「あの雲《くも》ふわふわして気持《きも》ちよさそう。乗《の》ってみたいな」

「雲《くも》は水蒸気《すいじょうき》でできているから乗《の》れないよ」

「えー、そうなの？　残念《ざんねん》……」

たまたま同《おな》じ野原《のはら》で自然観察《しぜんかんさつ》をしていたお父《とう》さんの知《し》り合《あ》いの気象予報士《きしょうよほうし》わぴちゃんは「ん？」と思《おも》いました。

わぴちゃん　雲《くも》は確《たし》かに乗《の》れないけど水蒸気《すいじょうき》ではないんですよ。

お父《とう》さん　え？　そうなんですか？　では雲《くも》の正体《しょうたい》って？

お父《とう》さんもご存知《ぞんじ》のとおり、水蒸気《すいじょうき》は気体《きたい》ですよね。

あ、水蒸気《すいじょうき》は空気《くうき》と同《おな》じ気体《きたい》だから目《め》に見《み》えないですよね。

そうなんです。もし、雲《くも》が水蒸気《すいじょうき》だったら、雲《くも》の姿《すがた》を目《め》で見《み》ることはできないですよね。

はるちゃん　水蒸気《すいじょうき》……学校《がっこう》で習《なら》ったよ。お水《みず》が気体《きたい》になったものだよね。

そうだよ、はるちゃん。空気中《くうきちゅう》には水蒸気《すいじょうき》がいっぱいあるんだよ。その水蒸気《すいじょうき》が冷《ひ》やされて、小《ちい》さな水《みず》や氷《こおり》の粒《つぶ》になったものがたくさん集《あつ》まってできたもの、それが雲《くも》だよ。ちなみに、やかんやお風呂《ふろ》の湯気《ゆげ》も水蒸気《すいじょうき》が冷《ひ》やされてできた小《ちい》さな水《みず》の粒《つぶ》の集《あつ》まりだよ。

なるほど。小《ちい》さな水《みず》や氷《こおり》の粒《つぶ》なら目《め》で見《み》ることができますね。

もっとくわしく

上《うえ》の会話《かいわ》からわかるように雲《くも》は小《ちい》さな水《みず》や氷《こおり》の粒《つぶ》でできています。

難《むずか》しい言葉《ことば》で小《ちい》さな氷《こおり》の粒《つぶ》を氷晶《ひょうしょう》、小《ちい》さな水《みず》の粒《つぶ》を雲粒《うんりゅう》と言《い》います。夏場《なつば》の積雲《せきうん》(p.25) のように雲粒《うんりゅう》だけでできている雲《くも》を水雲《みずぐも》、巻雲《けんうん》(p.20) のように氷晶《ひょうしょう》だけでできている雲《くも》を氷晶雲《ひょうしょううん》、高積雲《こうせきうん》(p.23) のように雲粒《うんりゅう》と氷晶《ひょうしょう》の両方《りょうほう》が存在《そんざい》する雲《くも》を混合雲《こんごううん》と呼《よ》びます。

雲《くも》はどうして落《お》ちてこないのかな？

雲《くも》ってうかんでいるから軽《かる》いのかな？

雲《くも》は小《ちい》さな水《みず》や氷《こおり》の粒《つぶ》でできているって言《い》っていたもんね。

じつは雲《くも》にも重《おも》さがあるんですよ。うかんでいる雲粒子《うんりゅうし》の重《おも》さの合計《ごうけい》で計算《けいさん》します。たとえば夏《なつ》の積乱雲《せきらんうん》（p.28）は、大《おお》きいものでは100万《まん》トンにもなるんですよ。（くわしい計算方法《けいさんほうほう》は下《した》を読《よ》んでね）

100万《まん》トンってぜんぜん想像《そうぞう》つかないよー。

100万《まん》トンは、荷物《にもつ》をめいっぱい積《つ》んだ大型《おおがた》トラック約《やく》4万台分《まんだいぶん》だよ。

すごーい。でも、それだけ重《おも》いのにどうして落《お》ちてこないでうかんでいられるの？

今計算《いまけいさん》したのは、ひとつの雲《くも》の雲粒子《うんりゅうし》の重《おも》さを全部《ぜんぶ》たしたもので、ひとつひとつの粒《つぶ》はものすごく小《ちい》さいんだよ。ものすごく小《ちい》さいから、風《かぜ》に流《なが》されてうかんでいることができるんだよ。

へー。ものすごく小《ちい》さな粒《つぶ》がたくさん集《あつ》まって、ひとつの大《おお》きな雲《くも》ができているのね。

もっとくわしく

1 m^3あたりにどれだけの重《おも》さの雲粒子《うんりゅうし》があるのかを数字《すうじ》にしたものを雲水量《くもみずりょう》と言《い》います。1 m^3あたり、高層《こうそう》雲《うん》（p.24）・乱層雲《らんそううん》（p.27）のような層状《そうじょう》の雲《くも》では0.05～0.5 g、積雲《せきうん》（p.25）や積乱雲《せきらんうん》では0.2～5 g程度《ていど》です。

上《うえ》の計算《けいさん》は5 km四方《しほう》、高《たか》さ8 km、雲水量《くもみずりょう》5 g/m^3で計算《けいさん》しました。

まず、積乱雲《せきらんうん》の体積《たいせき》をm^3の単位《たんい》で計算《けいさん》します。

◆ 5000（m）×5000（m）×8000（m）＝200000000000（m^3）

この1 m^3中《ちゆう》に5 gの雲粒子《うんりゅうし》があるので、

◆ 200000000000（m^3）×5（g/m^3）＝1000000000000（g）＝1000000（t）

雲《くも》はどうやってできるのかな？

雲《くも》の正体《しょうたい》はわかったけど、どうすればこんなにたくさんの水《みず》の粒《つぶ》が空《そら》にうかぶの？

これはお父《とう》さんにもわかるぞ。水蒸気《すいじょうき》をふくんだ空気《くうき》が上昇気流《じょうしょうきりゅう》にのって高《たか》いところに運《はこ》ばれて、冷《ひ》やされて水《みず》の粒《つぶ》ができるんだよ。冷《つめ》たいジュースを注《そそ》ぐとコップの周《まわ》りが水《みず》びたしになってしまうよね。水蒸気《すいじょうき》は冷《ひ》やされるとお水《みず》になるんだよ。

さすがお父《とう》さん！　学校《がっこう》で高《たか》いところの空気《くうき》は冷《つめ》たいって習《なら》ったよ。上昇気流《じょうしょうきりゅう》で高《たか》いところに運《はこ》ばれると、周《まわ》りが冷《つめ》たいから冷《ひ》やされるんだよね？

空気《くうき》が冷《ひ》やされるのは、周《まわ》りが冷《つめ》たいからではなくて気圧《きあつ》が関係《かんけい》しているんだよ。高《たか》いところでは気圧《きあつ》が低《ひく》いよね。すると、運《はこ》ばれていった空気《くうき》のかたまりは、周《まわ》りからおさえつけられるものがなくなって膨張《ぼうちょう》するんだ。

山《やま》にお菓子《かし》の袋《ふくろ》を持《も》っていくと頂上《ちょうじょう》につくころにはパンパンにふくらむよね。

それと同《おな》じなんです。空気《くうき》がふくらむときには、たくさんのエネルギーを使《つか》います。熱《ねつ》の元《もと》であるエネルギーが使《つか》われて少《すく》なくなるので、結果《けっか》として、空気《くうき》の温度《おんど》が下《さ》がって水蒸気《すいじょうき》が水《みず》の粒《つぶ》になるんだよ。

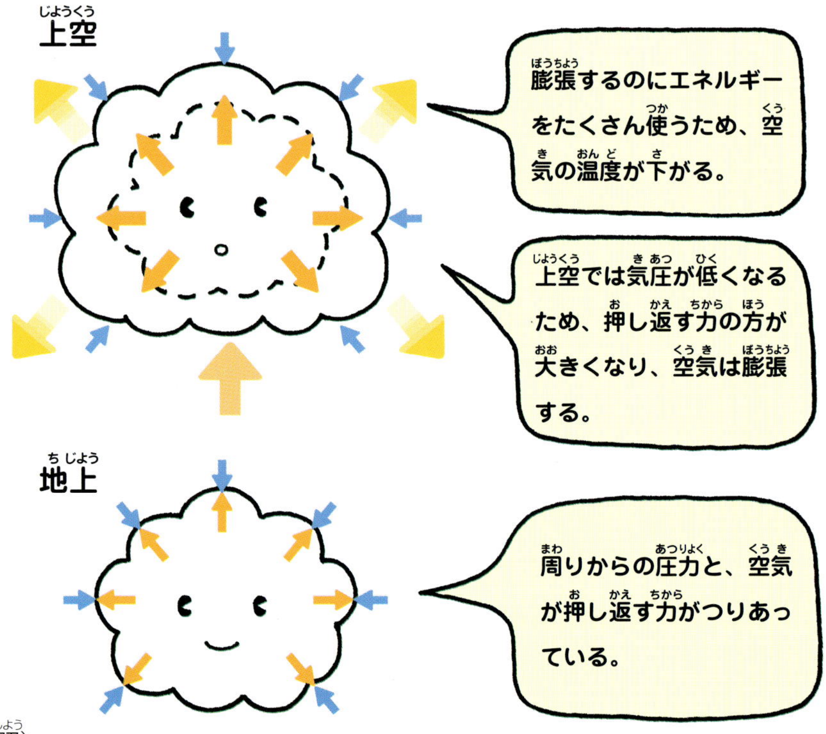

（p.68・69参照《さんしょう》）

夜《よる》でも撮影《さつえい》できる気象衛星《きしようえいせい》

そういえば、天気予報《てんきよほう》に出《で》てくる気象衛星《きしようえいせい》の画像《がぞう》は、どうして夜《よる》でもちゃんと雲《くも》が映《うつ》っているの？

じつは、気象衛星《きしようえいせい》の画像《がぞう》にはいくつか種類《しゅるい》があるんだよ。まずは、宇宙《うちゅう》から普通《ふつう》に撮影《さつえい》した可視画像《かしがぞう》。これは、カメラと同《おな》じで人間《にんげん》の目《め》に見《み》えるとおりに撮《と》るから、夜《よる》になると真《ま》っ暗《くら》になってしまうんだよ。

気象庁提供

可視画像《かしがぞう》だと夜《よる》は真《ま》っ暗《くら》になっちゃうのね。
台風《たいふう》が来《き》ているときに真《ま》っ暗《くら》だったら困《こま》っちゃうね。

そう。それでもうひとつ、地球《ちきゅう》が出《だ》す赤外線《せきがいせん》をセンサーで感知《かんち》して写真《しゃしん》にする、赤外画像《せきがいがぞう》というものがあるんだよ。赤外線《せきがいせん》は明《あか》るさに関係《かんけい》なく測定《そくてい》できるから、赤外画像《せきがいがぞう》なら夜《よる》でも雲《くも》の写真《しゃしん》が撮《と》れるんだよ。

よくテレビで、暗闇《くらやみ》から中継《ちゅうけい》するときに、赤外線《せきがいせん》カメラを使《つか》っていますよね。
気象衛星《きしようえいせい》も赤外線《せきがいせん》を使《つか》って、夜《よる》も撮影《さつえい》できるようにしているんですね。

もっとくわしく

可視画像《かしがぞう》は、光《ひかり》の中《なか》でも、唯一人間《ゆいいつにんげん》の目《め》に見《み》える「可視光線《かしこうせん》」を使《つか》って撮影《さつえい》しています。
可視光線《かしこうせん》のほとんどが太陽《たいよう》の光《ひかり》から届《とど》いています。夜《よる》は太陽《たいよう》がかくれ、可視光線《かしこうせん》が届《とど》かなくなるので、目《め》に見《み》える光《ひかり》がなくなり真《ま》っ暗《くら》になります。可視画像《かしがぞう》も、人間《にんげん》の目《め》と同《おな》じで可視光線《かしこうせん》を使《つか》っているので、夜《よる》は感知《かんち》できる光《ひかり》がなくなり真《ま》っ暗《くら》になります。
一方《いっぽう》、地球《ちきゅう》からは目《め》には見《み》えないけれど赤外線《せきがいせん》と呼《よ》ばれる光《ひかり》が出《で》ています。赤外線《せきがいせん》は、地球《ちきゅう》から1日中《にちじゅう》出《で》ているので、赤外線《せきがいせん》を感知《かんち》する赤外画像《せきがいがぞう》は1日中《にちじゅう》撮《と》れるのです。
テレビの天気予報《てんきよほう》では、1日中《にちじゅう》使《つか》える赤外画像《せきがいがぞう》を採用《さいよう》しています。

晴《は》れとくもりの境目《さかいめ》は？

はるちゃんは、夏休《なつやす》みの絵日記《えにっき》をつけるとき、晴《は》れとくもりってどうやって決《き》めているのかな？

えーとね。太陽《たいよう》が顔《かお》を出《だ》したら晴《は》れ。太陽《たいよう》が雲《くも》にかくれたらくもり……かな。

それじゃあ、右《みぎ》の絵《え》のような空《そら》の場合《ばあい》、はるちゃんなら、晴《は》れ・くもりのどっちを絵日記《えにっき》に書《か》く？

んー。太陽《たいよう》が出《で》ているから晴《は》れかな。
でも、雲《くも》がたくさんあるからくもりかも。

じつは、晴《は》れかくもりかを決《き》めるのに太陽《たいよう》は関係《かんけい》ないんだよ。空《そら》のどれくらいを雲《くも》がおおっているかで晴《は》れかくもりかが決《き》まるんだよ。

えー。じゃあ、上《うえ》の絵《え》はほとんど雲《くも》でおおわれているからくもりなの？

そうだよ。だいたい空《そら》を見上《みあ》げて、全体《ぜんたい》の９割《わり》が雲《くも》におおわれていたら、太陽《たいよう》が出《で》ていてもくもりになるよ。

なるほど。晴《は》れかくもりかは、太陽《たいよう》じゃなくて、空《そら》をおおっている雲《くも》の量《りょう》で決《き》めているのですね。

もっとくわしく

空全体《そらぜんたい》をどれくらい雲《くも》がおおっているのかを数字《すうじ》に表《あらわ》したものを雲量《うんりょう》と言《い》います。

たとえば空全体《そらぜんたい》の70パーセントが雲《くも》なら雲量《うんりょう》７という具合《ぐあい》になります。晴《は》れかくもりかはこの雲量《うんりょう》で判断《はんだん》します。雲量《うんりょう》が０～１の、雲《くも》がほとんどない天気《てんき》を快晴《かいせい》、雲量《うんりょう》２～８が晴《は》れ、雲量《うんりょう》９～10がくもりと決《き》まっています。雲量《うんりょう》９～10でも、雲《くも》がとてもうすい場合《ばあい》は「うすぐもり」といいます。

そして、雲量《うんりょう》によって右《みぎ》の図《ず》のように天気《てんき》の記号《きごう》が決《き》められています。

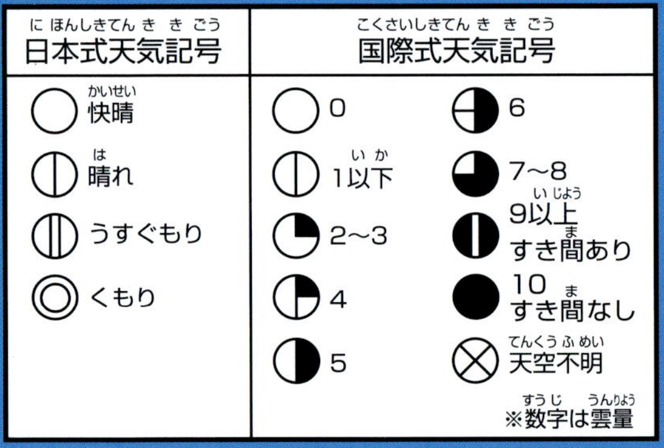
日本式《にほんしき》天気《てんき》記号《きごう》
快晴《かいせい》
晴《は》れ
うすぐもり
くもり
国際式《こくさいしき》天気《てんき》記号《きごう》
0
1以下《いか》
2～3
4
5
6
7～8
9以上《いじょう》
すき間《ま》あり
10
すき間《ま》なし
天空不明《てんくうふめい》
※数字《すうじ》は雲量《うんりょう》

「白《しろ》い雲《くも》」と「黒《くろ》い雲《くも》」は何《なに》がちがうのかな？

雲《くも》って、白《しろ》いのと黒《くろ》っぽいのがあるよね？　あれって何《なに》がちがうの？

白《しろ》っぽい雲《くも》

黒《くろ》っぽい雲《くも》

さっきからお話《はな》ししているように、雲《くも》は小《ちい》さな水《みず》や氷《こおり》の粒《つぶ》でできているよね。その小《ちい》さな水《みず》や氷《こおり》の粒《つぶ》に太陽《たいよう》の光《ひかり》が当《あ》たって散乱《さんらん》するから、雲《くも》は白《しろ》っぽく見《み》えるんだ。とくに、太陽《たいよう》の光《ひかり》がいっぱい当《あ》たると雲《くも》はより白《しろ》く見《み》えるよ。

太陽《たいよう》の光《ひかり》がいっぱい当《あ》たると白《しろ》くなる……ということは、光《ひかり》が当《あ》たらないと黒《くろ》くなるの？

そう。日《ひ》かげで太陽《たいよう》があまり当《あ》たらないところは暗《くら》いよね。それと同《おな》じで、雲《くも》がぶあつくて太陽《たいよう》の光《ひかり》が当《あ》たらないところは、かげになるから黒《くろ》っぽく見《み》えるんだよ。

ということは、ぶあつい雲《くも》や低《ひく》い雲《くも》だと、太陽《たいよう》の光《ひかり》があまり届《とど》かず、かげになってしまうから黒《くろ》っぽいんだね。逆《ぎゃく》に、高《たか》い雲《くも》やうすい雲《くも》は太陽《たいよう》の光《ひかり》がたくさん当《あ》たるから白《しろ》っぽく見《み》えるんだね。

そのとおり！

雲《くも》はどのくらいの速《はや》さで動《うご》いているの？

さっきから雲《くも》が流《なが》れているけど、雲《くも》ってどうやって動《うご》いているの？

雲《くも》は、小《ちい》さな水《みず》や氷《こおり》の粒《つぶ》がうかんでいるだけだから、上空《じょうくう》の風《かぜ》に流《なが》されて動《うご》いているんだ。だから雲《くも》は、上空《じょうくう》の風速《ふうそく》と同《おな》じ速《はや》さで流《なが》れているんだよ。

上空《じょうくう》の風《かぜ》はどのくらいの速《はや》さなの？

上空《じょうくう》に行《い》くほど風《かぜ》は強《つよ》くなるよ。巻雲《けんうん》（p.20）がうかんでいる上空《じょうくう》8000メートル付近《ふきん》では、風速《ふうそく》100メートルをこえることもあるよ。

風速《ふうそく》100メートルってすごいですね。大型《おおがた》の台風《たいふう》でも風速《ふうそく》40メートルくらいですよね。

1秒間《びょうかん》に100メートルだから、1分間《ぶんかん》で6キロメートル。1時間《じかん》で360キロメートルの速《はや》さになるね。雲《くも》は、風速《ふうそく》と同《おな》じ速《はや》さで流《なが》されるから、ゆっくり流《なが》れているように見《み》える巻雲《けんうん》でも、時速《じそく》360キロメートルで動《うご》いていることになるんだよ。

時速《じそく》360キロメートルってすごい。想像《そうぞう》つかないよー。

お父《とう》さんの運転《うんてん》する車《くるま》が時速《じそく》60キロメートルだよ。はるちゃんが乗《の》りたいって言《い》っている東北新幹線《とうほくしんかんせん》でも、一番速《いちばんはや》いときで時速《じそく》275キロメートルくらい。つまり、新幹線《しんかんせん》よりも速《はや》いスピードで雲《くも》が動《うご》いていることになるね。

もちろん、すべての雲《くも》が時速《じそく》360キロメートルで動《うご》いているわけではなく、上空《じょうくう》の風《かぜ》が弱《よわ》いときはもっとゆったりした速度《そくど》で動《うご》くこともあるよ。たとえば、高積雲《こうせきうん》（p.23）のうかぶあたりは、だいたい風速《ふうそく》40メートル前後《ぜんご》の風《かぜ》だから、時速《じそく》140キロメートルくらいで動《うご》いている感《かん》じかな。

なるほど。雲《くも》は、上空《じょうくう》の風《かぜ》に流《なが》されているだけだから、雲《くも》のだいたいの高度《こうど》がわかれば、そこでの風速《ふうそく》がわかるので、雲《くも》が動《うご》いている速《はや》さを計算《けいさん》で出《だ》すことができるんですね。

やっぱり雲《くも》で遊《あそ》びたい！

雲《くも》に乗《の》れないってわかったら、なんかつまんないなー。

雲《くも》には乗《の》れないけど、中《なか》に突入《とつにゅう》することはできるよ。

えっ！　どうやって？

朝《あさ》、学校《がっこう》に行《い》くとき、真《ま》っ白《しろ》で何《なに》も見《み》えないことはないかな？

あるある。でも、あれって霧《きり》でしょ？

霧《きり》は地上《ちじょう》にできた雲《くも》のことなんだよ。名前《なまえ》はちがうけど、雲《くも》と霧《きり》は同《おな》じもの。あの真《ま》っ白《しろ》な世界《せかい》が雲《くも》の中《なか》そのものだよ。だから、はるちゃんも、何回《なんかい》か雲《くも》の中《なか》に突入《とつにゅう》しているよ。

へー。

今度《こんど》、霧《きり》が出《で》たときに、よく見《み》てみてね。
細《こま》かい粒《つぶ》がたくさん動《うご》いているのが見《み》えるはずだから。

もしかして、その細《こま》かい粒《つぶ》が雲粒子《うんりゅうし》ですか？

そうなんです。霧《きり》の日《ひ》は、雲粒子《うんりゅうし》をすぐ近《ちか》くで見《み》るチャンスです。そして、霧《きり》の日《ひ》にあーんってやると、雲粒子《うんりゅうし》が口《くち》の中《なか》に入《はい》ってくるから、雲《くも》を食《た》べることもできるよ。

えー。雲《くも》が食《た》べられるの？　食《た》べてみたいー。

今度霧《こんどきり》の日《ひ》にやってみてね。霧《きり》はおもしろい発見《はっけん》がいっぱいあるよ。

でも、霧《きり》の日《ひ》は車《くるま》を運転《うんてん》するお父《とう》さんにとってはこわいな。

確《たし》かに、霧《きり》の日《ひ》は視界《しかい》が悪《わる》くなりますからね。自転車《じてんしゃ》もそうだけど、相手《あいて》に見《み》えるようにちゃんとライトをつけて、飛《と》び出《だ》したり、スピードを出《だ》しすぎたりしないことが大事《だいじ》ですね。

雲《くも》の大切《たいせつ》な役割《やくわり》——地球《ちきゅう》の水循環《みずじゅんかん》

太陽《たいよう》からのエネルギーにより、海洋《かいよう》の水《みず》は水蒸気《すいじょうき》に姿《すがた》を変《か》えます。水蒸気《すいじょうき》となった水《みず》は、上空《じょうくう》で雲《くも》を作《つく》り、陸地《りくち》に雨《あめ》や雪《ゆき》を降《ふ》らせます。陸地《りくち》に降《ふ》った雨《あめ》の大部分《だいぶぶん》は川《かわ》となって海《うみ》へもどっていきます。一部《いちぶ》は地下《ちか》にしみこんで地下水《ちかすい》となりますが、これも最終的《さいしゅうてき》には海《うみ》にもどっていきます。このように、地球《ちきゅう》上《じょう》の水《みず》は、雲《くも》によってうまく循環《じゅんかん》しているのです。

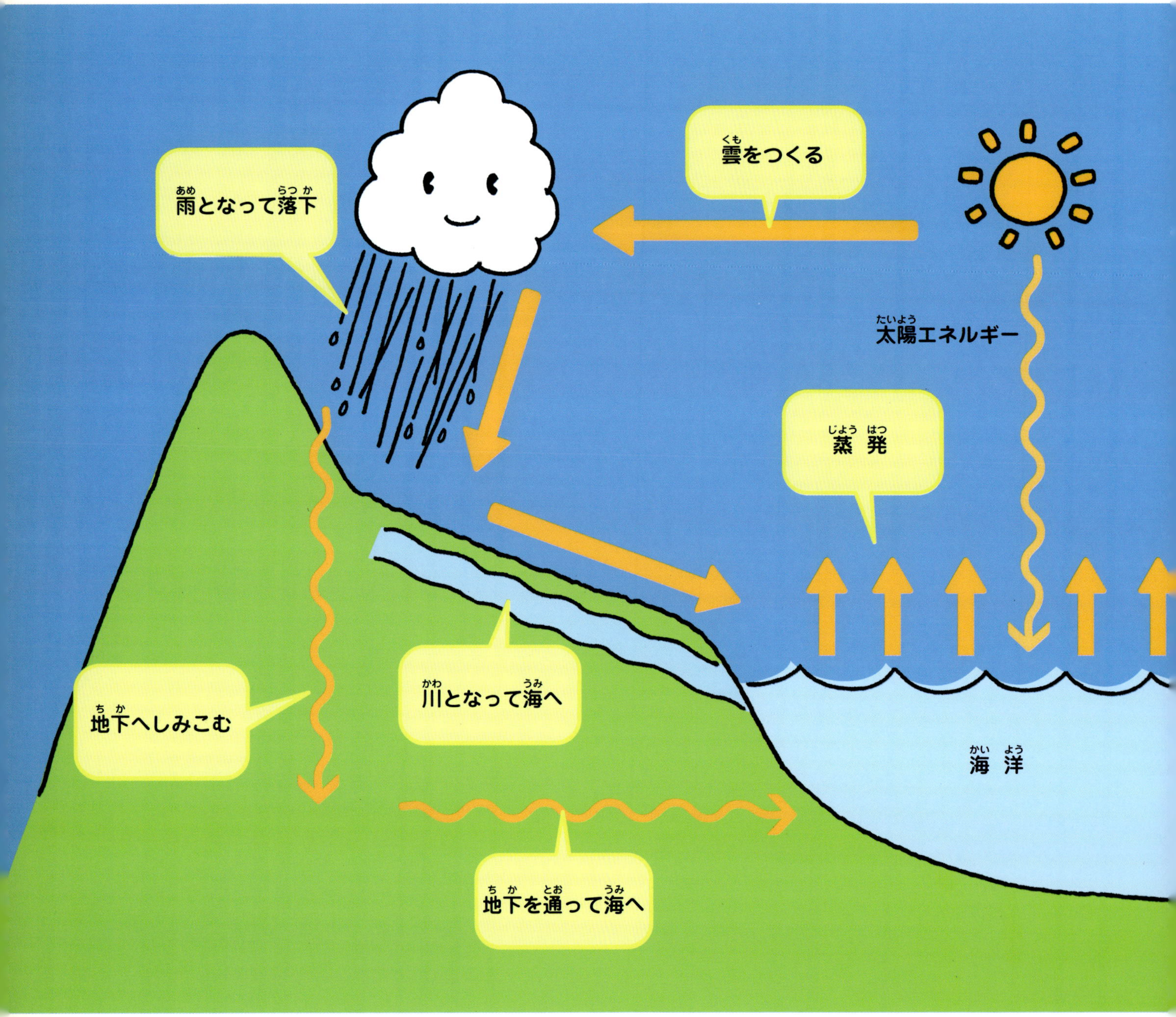

第《だい》2章《しょう》

雲《くも》には
どんな種《しゅ》類《るい》が
あるのかな？

雲《くも》の大《だい》分《ぶん》類《るい》図《ず》

現在《げんざい》の雲《くも》の分類《ぶんるい》は、1956年《ねん》に世界気象機関《せかいきしょうきかん》（WMO）が刊行《かんこう》した「国際雲《こくさいくも》図帳《ずちょう》」に掲載《けいさい》されています。これは国際的《こくさいてき》に通用《つうよう》する分《わ》け方《かた》です。この本《ほん》も、国際雲図帳《こくさいくもずちょう》の分類《ぶんるい》に沿《そ》って雲《くも》を紹介《しょうかい》します。

類《るい》	巻雲《けんうん》(p.20) 	巻積雲《けんせきうん》(p.21) 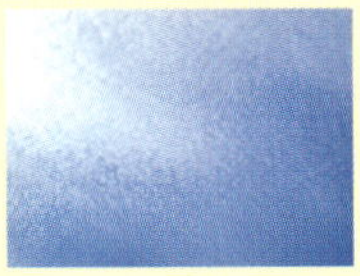	巻層雲《けんそううん》(p.22) 	高積雲《こうせきうん》(p.23) 	高層雲《こうそううん》(p.24) 
種《しゅ》	毛状雲《もうじょううん》(p.30) 鈎状雲《かぎじょううん》(p.30) 濃密雲《のうみつうん》(p.31) 塔状雲《とうじょううん》(p.32) 房状雲《ふさじょううん》(p.30)	層状雲《そうじょううん》(p.33) レンズ雲《ぐも》(p.34) 塔状雲《とうじょううん》(p.32) 房状雲《ふさじょううん》(p.30)	毛状雲《もうじょううん》(p.30) 霧状雲《きりじょううん》(p.35) 	層状雲《そうじょううん》(p.33) レンズ雲《ぐも》(p.34) 塔状雲《とうじょううん》(p.32) 房状雲《ふさじょううん》(p.30)	
変《へん》種《しゅ》	もつれ雲《ぐも》(p.39) 放射状雲《ほうしゃじょううん》(p.40) 肋骨雲《ろっこつうん》(p.41) 二重雲《にじゅううん》(p.42)	波状雲《はじょううん》(p.43) 蜂《はち》の巣状雲《すじょううん》 (p.44) 	二重雲《にじゅううん》(p.42)  波状雲《はじょううん》(p.43)	半透明雲《はんとうめいうん》(p.45) すきま雲《ぐも》(p.46) 不透明雲《ふとうめいうん》(p.45) 二重雲《にじゅううん》(p.42) 波状雲《はじょううん》(p.43) 放射状雲《ほうしゃじょううん》(p.40) 蜂《はち》の巣状雲《すじょううん》(p.44)	半透明雲《はんとうめいうん》(p.45) 不透明雲《ふとうめいうん》(p.45) 二重雲《にじゅううん》(p.42) 波状雲《はじょううん》(p.43) 放射状雲《ほうしゃじょううん》(p.40)
副《ふく》変《へん》種《しゅ》	乳房雲《にゅうぼううん》(p.47) 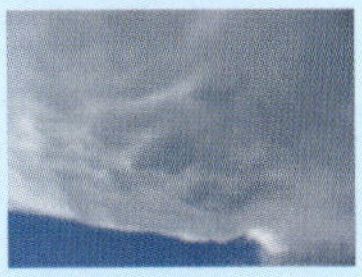	尾流雲《びりゅううん》(p.48) 乳房雲《にゅうぼううん》(p.47)		尾流雲《びりゅううん》(p.48)  乳房雲《にゅうぼううん》(p.47)	尾流雲《びりゅううん》(p.48) 降水雲《こうすいうん》(p.48) ちぎれ雲《ぐも》(p.49) 乳房雲《にゅうぼううん》(p.47)

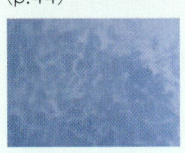

また、それぞれの雲《くも》には、アルファベットで書《か》かれた国際的《こくさいてき》に通用《つうよう》する表《ひょう》記《き》と略記号《りゃくきごう》があります。この本《ほん》では、雲《くも》の名前《なまえ》とあわせて略記号《りゃくきごう》を紹介《しょうかい》しています。

乱層雲《らんそううん》(p.27) 	層積雲《そうせきうん》(p.26) 	層雲《そううん》(p.29) 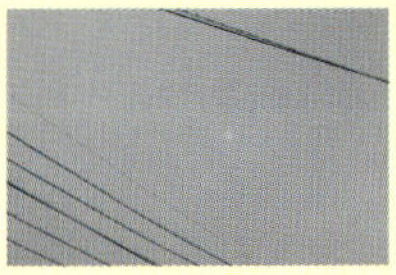	積雲《せきうん》(p.25) 	積乱雲《せきらんうん》(p.28) 
	層状雲《そうじょううん》(p.33) レンズ雲《ぐも》(p.34) 塔状雲《とうじょううん》(p.32)	霧状雲《きりじょううん》(p.35) 断片雲《だんぺんうん》(p.36) 	扁平雲《へんぺいうん》(p.37) 並雲《なみぐも》(p.37) 雄大雲《ゆうだいうん》(p.37) 断片雲《だんぺんうん》(p.36)	無毛雲《むもううん》(p.38)  多毛雲《たもううん》(p.38)
	半透明雲《はんとうめいうん》(p.45) すきま雲《ぐも》(p.46) 不透明雲《ふとうめいうん》(p.45) 二重雲《にじゅううん》(p.42) 波状雲《はじょううん》(p.43) 放射状雲《ほうしゃじょううん》(p.40) 蜂《はち》の巣状雲《すじょううん》(p.44)	不透明雲《ふとうめいうん》(p.45) 半透明雲《はんとうめいうん》(p.45) 波状雲《はじょううん》(p.43) 	放射状雲《ほうしゃじょううん》(p.40) 	
降水雲《こうすいうん》(p.48) 尾流雲《びりゅううん》(p.48) ちぎれ雲《ぐも》(p.49)	乳房雲《にゅうぼううん》(p.47) 尾流雲《びりゅううん》(p.48) 降水雲《こうすいうん》(p.48)	降水雲《こうすいうん》(p.48) 	頭巾雲《ずきんぐも》(p.50) ベール雲《ぐも》(p.50) 尾流雲《びりゅううん》(p.48) アーチ雲《ぐも》(p.51) ちぎれ雲《ぐも》(p.49) ろうと雲《ぐも》(p.52) 降水雲《こうすいうん》(p.48)	頭巾雲《ずきんぐも》(p.50) ベール雲《ぐも》(p.50) 尾流雲《びりゅううん》(p.48) 降水雲《こうすいうん》(p.48) アーチ雲《ぐも》(p.51) ちぎれ雲《ぐも》(p.49) ろうと雲《ぐも》(p.52) かなとこ雲《ぐも》(p.53) 乳房雲《にゅうぼううん》(p.47)

巻雲 けんうん Ci
(国際略記号《こくさいりゃくきごう》)

一番《いちばん》高《たか》いところにできる雲《くも》

◀真《ま》っ白《しろ》い糸《いと》くずを散《ち》らしたような空《そら》(2004・7・20)

巻雲《けんうん》は、氷《こおり》の粒《つぶ》でできた真《ま》っ白《しろ》い雲《くも》です。筋《すじ》のようなので「すじ雲《ぐも》」とも呼《よ》ばれています。秋晴《あきば》れの青空《あおぞら》によく見《み》られる雲《くも》で、つり針《ばり》のような鈎状雲《かぎじょううん》(p.30)、鳥《とり》の羽《は》根《ね》のような羽根雲《はねぐも》、魚《さかな》の骨《ほね》のような肋骨雲《ろつこつうん》(p.41)など、じつにさまざまな形《かたち》があります。また、形《かたち》の変化《へんか》も早《はや》く、見《み》ていて楽《たの》しい雲《くも》のひとつです。

巻雲《けんうん》は、高度約《こうどやく》5000～13000メートルと、雲《くも》の仲間《なかま》では一番高《いちばんたか》いところに発生《はつせい》します。とても高《たか》いところに発《はつ》生《せい》するので、層積雲《そうせきうん》(p.26)などの雲《くも》が出《で》てくるとかくれてしまいます。そのため、実際《じつさい》には巻雲《けんうん》が発生《はつせい》しているのに地上《ちじょう》からは見《み》えなくなってしまうこともあります。

巻雲《けんうん》で天気《てんき》を予想《よそう》してみよう

▲しめった感《かん》じがする雨巻雲《あめけんうん》(2004.4.15)

天気予報《てんきよほう》がなかった時代《じだい》は、いろんな自然現象《しぜんげんしょう》を見《み》て明日《あす》の天気《てんき》を大《おお》まかに予想《よそう》していました。雲《くも》は、空《そら》からの大切《たいせつ》なメッセージで、天気《てんき》を知《し》る大《おお》きな手《て》がかりとなります。

巻雲《けんうん》には、雨《あめ》を知《し》らせる「雨巻雲《あめけんうん》」と呼《よ》ばれるものと、晴《は》れを知《し》らせる「晴《は》れ巻雲《けんうん》」と呼《よ》ばれるものがあります。

巻積雲 けんせきうん Cc ―― 白《しろ》いあわのような雲《くも》

▲たくさんのあわ。お空《そら》の洗濯《せんたく》をしているみたいだね（2004.8.4）

巻積雲《けんせきうん》は小《ちい》さな白《しろ》い雲《くも》がびっしり並《なら》んであわのように見《み》える雲《くも》です。魚《さかな》のうろこに見《み》立《た》てて「うろこ雲《ぐも》」、いわしの群《む》れに見《み》立《た》てて「いわし雲《ぐも》」とも呼《よ》ばれています。実際《じっさい》は、ひとつひとつの雲片《うんぺん》（雲《くも》のかけら）はかなり大《おお》きいのですが、巻雲《けんうん》（p.20）同様《どうよう》、高《たか》い空《そら》に発生《はっせい》するため、とても小《ちい》さく見《み》えます。

ほかの雲《くも》に比《くら》べて出現《しゅつげん》する機会《きかい》が少《すく》なく、すぐに形《かたち》を変《か》えてしまう雲《くも》です。

漁業関係者《ぎょぎょうかんけいしゃ》の間《あいだ》では「嵐《あらし》の前触《まえぶ》れの雲《くも》」としておそれられているようです。

▲巻積雲《けんせきうん》に穴《あな》が開《あ》いちゃった！（2003.12.3）

巻層雲　けんそううん　Cs　なかなか気《き》づきにくい雲《くも》

▲カサはあまり見《み》られない現象《げんしょう》なので
見《み》つけたときはドキドキします（2004.6.3）

巻層雲《けんそううん》は氷《こおり》の粒《つぶ》でできたベールのようなとてもうすい雲《くも》です。そのため「うす雲《ぐも》」とも呼《よ》ばれています。空《そら》がなんとなく白《しろ》くかすんでいる程度《ていど》にしか見《み》えないことが多《おお》く、存在《そんざい》に気《き》づきにくい雲《くも》です。

巻層雲《けんそううん》が太陽《たいよう》をかくすと、その周《まわ》りにはカサができます。また、運《うん》がよければ幻日《げんじつ》（p.56）などのめずらしい現象《げんしょう》を見《み》ることができます。

巻層雲《けんそううん》にはさざなみのような模様《もよう》が現《あらわ》れることがあり、それを「水《みず》まさ雲《ぐも》」と呼《よ》んでいます。

夏《なつ》の白《しろ》っぽい空《そら》

東京《とうきょう》など大都市《だいとし》では夏《なつ》の晴《は》れた日《ひ》に空《そら》が白《しろ》っぽくなることがあります。見《み》た目《め》は巻層雲《けんそううん》に似《に》ていますが、カサが出《で》ていない。そのようなときに考《かんが》えられるのは光化学《こうかがく》スモッグです。

光化学《こうかがく》スモッグは、工場《こうじょう》のけむりや車《くるま》の排気《はいき》ガスが太陽《たいよう》の紫外線《しがいせん》の影響《えいきょう》を受《う》けて発生《はっせい》した「光化学《こうかがく》オキシダント」と呼《よ》ばれる化学物質《かがくぶっしつ》です。雲《くも》が水《みず》でできているのに対《たい》して、光化学《こうかがく》オキシダントは体《からだ》に悪《わる》い有害物質《ゆうがいぶっしつ》です。

高積雲《こうせきうん》 Ac

ひつじ雲《ぐも》の名《な》で有名《ゆうめい》な雲《くも》

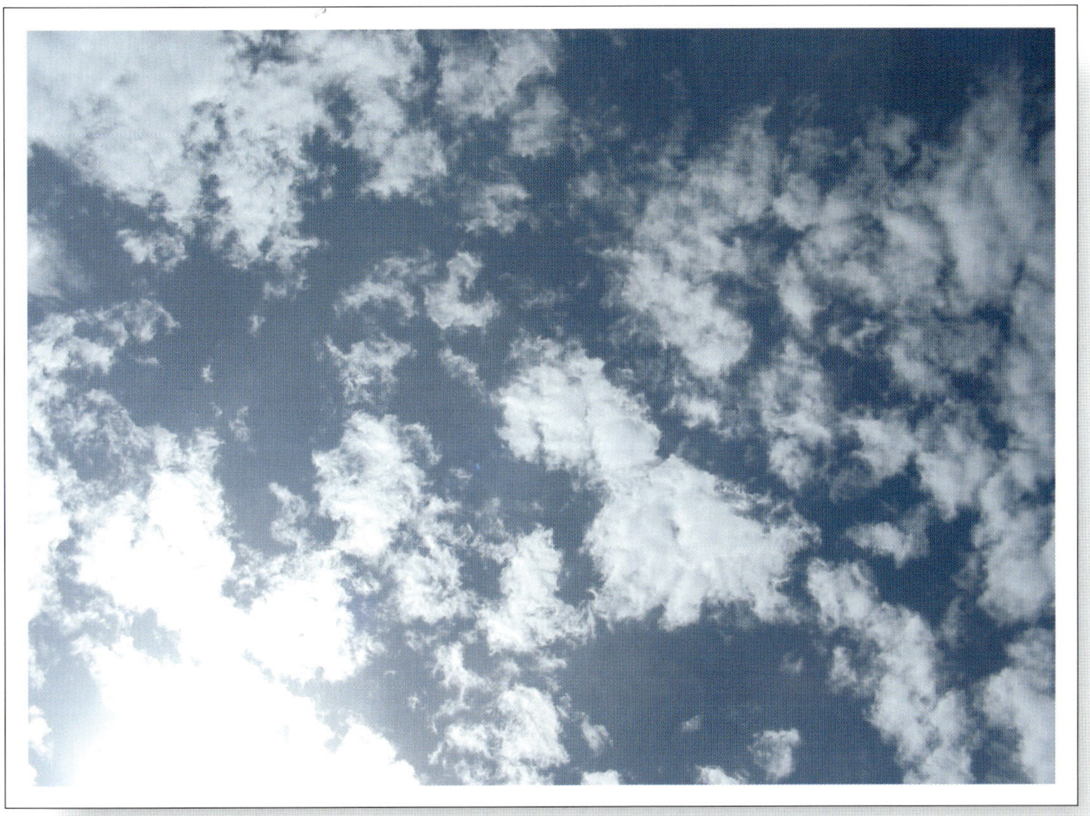

▲羊《ひつじ》たちが青空《あおぞら》の野原《のはら》で楽《たの》しそうに遊《あそ》んでいるみたい（2004.8.18）

雲片《うんぺん》がたくさん空《そら》にうかんで羊《ひつじ》が群《む》れているように見《み》える雲《くも》です。そのため、「ひつじ雲《ぐも》」の名前《なまえ》で広《ひろ》く親《した》しまれています。上空《じょうくう》5000メートル付近《ふきん》にできることが多《おお》く、ほとんどが水《みず》の粒《つぶ》でできています。

▶灰色《はいいろ》のかげができた高積雲《こうせきうん》は「むら雲《ぐも》」と呼《よ》ばれています（2002.12.3）

色《いろ》は、ほとんどが真《ま》っ白《しろ》ですが、中《なか》には灰色《はいいろ》のものもあります。

巻積雲《けんせきうん》と高積雲《こうせきうん》の見分《みわ》け方《かた》

巻積雲《けんせきうん》（p.21）とよく似《に》ています。腕《うで》をのばし雲片《うんぺん》に向《む》けて親指《おやゆび》を立《た》てたとき、指《ゆび》で雲《くも》がかくれれば巻積雲《けんせきうん》、指《ゆび》から雲《くも》がはみ出《で》れば高積雲《こうせきうん》、という見分《みわ》け方《かた》がよく使《つか》われています。

高層雲 こうそううん As

空《そら》をねずみ色《いろ》にしてしまう雲《くも》

▲ねずみ色《いろ》の空《そら》。雨《あめ》にならないといいな……（2004.5.11）

空一面《そらいちめん》がねずみ色《いろ》になり、雲底《うんてい》（雲《くも》のいちばん下《した》の部分《ぶぶん》）のでこぼこが少《すく》ない場合《ばあい》、高層雲《こうそううん》におおわれていると考《かんが》えられます。高層雲《こうそううん》が次第《しだい》に厚《あつ》くなり、ちぎれ雲《ぐも》(p.49)が飛《と》びはじめたら、雨《あめ》の前《まえ》ぶれです。

半透明雲《はんとうめいうん》（p.45）タイプは雲《くも》を通《とお》して太陽《たいよう》を見《み》ることができます。そのとき、おぼろに見《み》えるので「おぼろ雲《ぐも》」と呼《よ》ばれています。

文部省唱歌《もんぶしょうしょうか》としても歌《うた》われている「おぼろ月夜《づきよ》」とは、高層雲《こうそううん》が月《つき》をかくしてできたものです。

高層雲《こうそううん》はどちらかというと春《はる》のイメージが強《つよ》く、俳句《はいく》の世界《せかい》でも春《はる》の季語《きご》としてよまれているようです。

▲やわらかな月明《つきあ》かりの「おぼろ月夜《づきよ》」はやさしい感《かん》じがします（2003.11.12）

積雲 せきうん Cu —— お絵《え》かきの定番《ていばん》

▲昔《むかし》、こんな雲《くも》に乗《の》ってみたい
という夢《ゆめ》がありました(2004.5.26)

みなさんがイラストで雲《くも》を描《えが》こうとすると、この積雲《せきうん》をイメージする人《ひと》が多《おお》いのではないでしょうか？

それだけなじみが深《ふか》い雲《くも》で、綿《わた》のような形《かたち》をしていることから「わた雲《ぐも》」とも呼《よ》ばれて親《した》しまれています。

夏《なつ》のイメージが強《つよ》い雲《くも》ですが、1年中《ねんじゅう》見《み》ることができます。また、積雲《せきうん》は青空《あおぞら》にぽっかりうかぶだけではなく、雨雲《あまぐも》の下《した》のちぎれ雲《ぐも》（p.49）となって登場《とうじょう》することもあります。

雲《くも》が立《た》ったり座《すわ》ったり

もくもくした雲《くも》には積雲《せきうん》と積乱雲《せきらんうん》（p.28）の2種類《しゅるい》があります。積雲《せきうん》のうち、特《とく》に横《よこ》（水平方向《すいへいほうこう》）に広《ひろ》がったものを、雲《くも》があぐらをかいて座《すわ》っているようなので「座《すわ》り雲《ぐも》」と言《い》います。また、それに対《たい》して、縦《たて》（鉛直方向《えんちょくほうこう》）に立《た》ち上《あ》がる積乱雲《せきらんうん》や雄大積雲《ゆうだいせきうん》（p.37）は「立《た》ち雲《ぐも》」と言《い》います。雲《くも》が座《すわ》っているうちは、天気《てんき》は大丈夫《だいじょうぶ》ですが、立《た》ち上《あ》がるとどこかで夕立《ゆうだち》を降《ふ》らせています。

雲《くも》が立《た》ったり座《すわ》ったりするなんておもしろいですね。

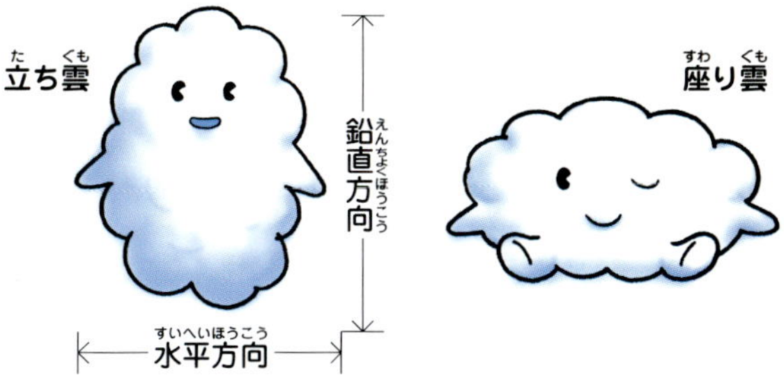

層積雲《そうせきうん》 Sc 決《き》まった形《かたち》のない雲《くも》

▲層積雲《そうせきうん》は形《かたち》がいろいろなので見《み》ていて楽《たの》しいです（2004.5.17）

上空《じょうくう》2000メートル付近《ふきん》の低《ひく》い空《そら》に現《あらわ》れる雲《くも》です。とても低《ひく》いところに発生《はっせい》するので、高《たか》い山《やま》に登《のぼ》ると層積雲《そうせきうん》の上《うえ》に出《で》ることもあります。層積雲《そうせきうん》の上《うえ》に出《で》ると、運《うん》がよければ足元《あしもと》いっぱいに白《しろ》いふかふかの綿《わた》をしきつめたような雲海《うんかい》を見《み》ることもできます。

層積雲《そうせきうん》は決《き》まった形《かたち》がない雲《くも》で、１年中《ねんじゅう》もっともよく見《み》ることのできる雲《くも》のひとつです。10種雲形《しゅうんけい》のどれにも分類《ぶんるい》できない雲《くも》のほとんどが層積雲《そうせきうん》です。

ロール状《じょう》の層積雲《そうせきうん》がたくさん並《なら》ぶことがあります。これは畑《はたけ》の畝《うね》のようにも見《み》えるので、別名《べつめい》「うね雲《ぐも》」と呼《よ》ばれています。

▲ロール状《じょう》の雲《くも》がいくつも並《なら》んだ「うね雲《ぐも》」（2004.6.21）

乱層雲 らんそううん

Ns

雨《あめ》や雪《ゆき》を降《ふ》らせる雲《くも》

▲朝《あさ》起《お》きて空《そら》がこんな感《かん》じだとゆううつな気分《きぶん》になりますね（2004.6.9）

昼間《ひるま》でもうす暗《ぐら》く、しとしと雨《あめ》の降《ふ》っているときに空《そら》をおおっている雲《くも》は乱層雲《らんそううん》です。

乱層雲《らんそううん》からの雨《あめ》は長《なが》い時間《じかん》降《ふ》ることが多《おお》く、雨脚《あまあし》は弱《よわ》くてもまとまった雨量《うりよう》になります。

冬《ふゆ》、気温《きおん》が低《ひく》いと雪《ゆき》を降《ふ》らせることもあります。東京《とうきよう》など太平洋側《たいへいようがわ》に大雪《おおゆき》を降《ふ》らせるのはたいてい乱層雲《らんそううん》です。乱層雲《らんそううん》は雨《あめ》や雪《ゆき》を降《ふ》らせるので「雨雲《あまぐも》」や「雪雲《ゆきぐも》」と呼《よ》ばれています。

雲底《うんてい》は低《ひく》く、高層《こうそう》ビルのてっぺんをかくしてしまうこともあります。また、ちぎれ雲《ぐも》（p.49）が飛《と》んだり、波状《はじよう》になったりと、「雨雲《あまぐも》」はいろんな姿《すがた》を見《み》せてくれます。

▲乱層雲《らんそううん》が雪《ゆき》を降《ふ》らせました。翌朝《よくあさ》は子《こ》どもたちのはしゃぐ声《こえ》が聞《き》こえるはず（2003.12.27）

積乱雲 せきらんうん Cb ―― 自然災害《しぜんさいがい》を引《ひ》き起《お》こすこわい雲《くも》

▲とてもこわい積乱雲《せきらんうん》。真下《ました》で悪《わる》さをしています（2004.7.30）

真夏《まなつ》の夕立《ゆうだち》や突然《とつぜん》の激《はげ》しい雷雨《らいう》。これは積乱雲《せきらんうん》のしわざです。積乱雲《せきらんうん》は大雨《おおあめ》や雷《かみなり》、突風《とつぷう》、ひょうなど、自然災《しぜんさい》害《がい》につながる現象《げんしょう》を引《ひ》き起《お》こし、10キロメートルをこえる高《たか》さまで成長《せいちょう》することもある、とても巨大《きょだい》な雲《くも》です。

ひとつの積乱雲《せきらんうん》の寿命《じゅみょう》は１時間前後《じかんぜんご》ととても短《みじか》いのですが、条件《じょうけん》さえそろえば次々《つぎつぎ》にわいて、集中豪雨《しゅうちゅうごうう》を引《ひ》き起《お》こすこともあります。

積乱雲《せきらんうん》は雷《かみなり》をともなうことが多《おお》く、「かみなり雲《ぐも》」と呼《よ》ばれています。

日本《にほん》にしばしば大《おお》きな被害《ひがい》をもたらす台風《たいふう》も、積乱雲《せきらんうん》がたくさん集《あつ》まってできています。

台風《たいふう》であまり雷《かみなり》が鳴《な》らないのはなぜ？

たくさんのあられ（小《ちい》さな氷《こおり》の粒《つぶ》）が激《はげ》しくぶつかりあうことで雷《かみなり》は発生《はっせい》します。つまり、雲《くも》の中《なか》であられが多数《たすう》発生《はっせい》しないと、いくら積乱雲《せきらんうん》が発達《はったつ》しても激《はげ》しい雷《かみなり》にはならないのです。

あられが発生《はっせい》するには雲《くも》の周辺《しゅうへん》の大気《たいき》の温度《おんど》が−20℃以下《いか》になることが必要《ひつよう》といわれています。台風《たいふう》のエネルギー源《げん》は、海面《かいめん》からの熱《ねつ》と水蒸気《すいじょうき》です。そのため、台風《たいふう》の周辺《しゅうへん》は温度《おんど》が高《たか》く、上空《じょうくう》の高《たか》いところでも比較的暖《ひかくてきあたた》かいのです。あられは氷《こおり》の粒《つぶ》であるため、暖《あたた》かいとあまり作《つく》られません。そのため、台風《たいふう》の積乱雲《せきらんうん》は、夕立《ゆうだち》のときとちがって、それほど激《はげ》しい雷《かみなり》を鳴《な》らさないのが普通《ふつう》です。

層雲 そううん St 遠《とお》くの山《やま》をかくしてしまう雲《くも》

▲層雲《そううん》は太陽《たいよう》がのぼると、あっという間《ま》に消《き》えてしまいます (2003.11.7)

層雲《そううん》はとても低《ひく》いところに発生《はつせい》する雲《くも》です。高層《こうそう》ビルや山《やま》をかくしてしまうこともあります。また、地上付近《ちじようふきん》に発生《はつせい》して、こい霧《きり》となって交通機関《こうつうきかん》に影響《えいきよう》をおよぼすこともあります。

平地《へいち》では雨上《あめあ》がりや冬《ふゆ》の早朝《そうちよう》にしばしば見《み》られます。また、山間部《さんかんぶ》では天気《てんき》の悪《わる》いときに「山《やま》かつら」と呼《よ》ばれる帯《おび》のような層雲《そううん》が、山《やま》の中腹《ちゆうふく》にかかることがあります。

層雲《そううん》と似《に》た雲《くも》に高層雲《こうそううん》(p.24)があります。高層雲《こうそううん》が太《たい》陽《よう》をかくすとおぼろのようになるのに対《たい》し、層雲《そううん》は上《うえ》の写真《しやしん》のように太陽《たいよう》の輪郭《りんかく》がはっきりしているのが特徴《とくちよう》です。

▲中央《ちゆうおう》の緑《みどり》の光《ひかり》は信号《しんごう》です。
夜《よる》の層雲《そううん》はおもしろい写真《しやしん》が撮《と》れます (2004.3.13)

種《しゅ》による分《わ》け方《かた》

毛状雲/鈎状雲/房状雲・すじ雲《ぐも》だって個性《こせい》豊《ゆた》か

もうじょううん　かぎじょううん　ふさじょううん

毛状雲 もうじょううん fib

白《しろ》くて細《ほそ》い糸《いと》のような雲《くも》ですが、先端《せんたん》が丸《まる》まったり、釣針《つりばり》のようになっていないものを指《さ》します。巻雲《けんうん》（p.20）や巻層雲《けんそううん》（p.22）でよく見《み》ることができます。

◀とてもきれいな空《そら》だったので、夢中《むちゅう》になってシャッターを切《き》りました（2004.1.11）

鈎状雲 かぎじょううん unc

白《しろ》くて細《ほそ》い巻雲《けんうん》のうち、先《さき》が釣針《つりばり》のように曲《ま》がったものを指《さ》します。釣針《つりばり》のように曲《ま》がった部分《ぶぶん》を先頭《せんとう》に、雲《くも》が流《なが》れていくことが多《おお》いといわれています。

▶巻雲《けんうん》といわれると真《ま》っ先《さき》にイメージするタイプの雲《くも》です（2003.11.4）

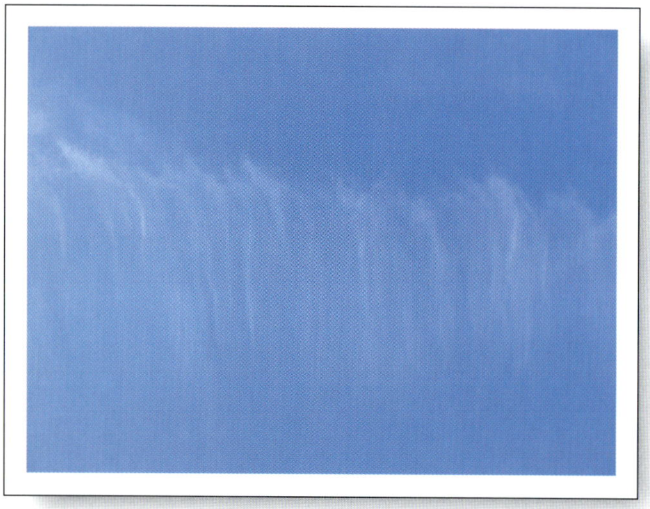

房状雲 ふさじょううん flo

ブドウの房《ふさ》のように小《ちい》さく丸《まる》い雲《くも》のことです。白《しろ》くて細《ほそ》い巻雲《けんうん》の先端《せんたん》がこぶのようになったものを指《さ》します。巻積雲《けんせきうん》（p.21）や高積雲《こうせきうん》（p.23）も房状雲《ふさじょううん》タイプの雲《くも》が現《あらわ》れることがあります。なかなか見《み》られないめずらしい雲《くも》です。

◀おたまじゃくしが整列《せいれつ》しているようにも見《み》えますね（2004.1.2）

濃密雲《のうみつうん》

spi　これも立《りつ》派《ぱ》な巻《けん》雲《うん》

▲オーロラみたいな雲《くも》。こういう雲《くも》はワクワクしますね（2004.6.7）

濃密雲《のうみつうん》は巻雲《けんうん》（p.20）の一種《いつしゅ》です。しかし、ぼてっとしていて、巻雲《けんうん》の白《しろ》いすじ雲《ぐも》のイメージをくつがえすような雲《くも》です。

ぶあつく、ぞうきんのような形《かたち》をしています。濃密雲《のうみつうん》は、太陽《たいよう》の光《ひかり》を完全《かんぜん》にさえぎってしまうこともあります。

レンズ雲《ぐも》（p.34）に似《に》ていますが、濃密雲《のうみつうん》は雲《くも》のふちがほつれた糸《いと》のようになっていることが多《おお》いことから、ある程《てい》度《ど》見《み》分《わ》けがつきます。

積乱雲《せきらんうん》（p.28）の雲頂《うんちよう》（雲《くも》のてっぺん）から吹《ふ》き出《だ》す巻雲《けんうん》がしばしば濃密雲《のうみつうん》になります。そのことから、激《はげ》しい夕立《ゆうだち》の後《あと》が濃密雲《のうみつうん》と出《で》会《あ》うチャンスです。上《うえ》の写真《しやしん》も夕立《ゆうだち》の後《あと》に撮《と》ったものです。

▲青空《あおぞら》とのコントラストがきれいです（2004.9.21）

塔状雲 とうじょううん cas こぶだらけの雲《くも》

▲とてもめずらしい雲《くも》なので見《み》つけたときはドキドキします（2004.8.21）

雲底《うんてい》は水平《すいへい》で、雲頂《うんちょう》に小《ち》さなこぶをたくさんくっつけたようにもこもこ盛《も》りあがる雲《くも》です。その盛《も》りあがった姿《すがた》は、小《ち》さな塔《とう》や、西洋《せいよう》の城壁《じょうへき》のようにも見《み》えます。

この雲《くも》は、めったに出現《しゅつげん》しないめずらしい雲《くも》です。また、雲全体《くもぜんたい》が見《み》えないと塔状雲《とうじょううん》であることが確認《かくにん》できないため、ますます見《み》るチャンスの少《すく》ないとても貴重《きちょう》な雲《くも》だと言《い》えます。

世界気象機関《せかいきしょうきかん》の国際雲図帳《こくさいくもずちょう》では、積雲《せきうん》（p.25）の塔状《とうじょう》雲《うん》タイプはありませんが、こぶをたくさんつけたような積雲《せきうん》があり、これを塔状積雲《とうじょうせきうん》と呼《よ》ぶことがあります。

▲ものすごい雲《くも》のこぶです（2004.9.7）

層状雲 そうじょううん

str —— 空《そら》いっぱいに広《ひろ》がる雲《くも》

▲うすい高積雲《こうせきうん》が空一面《そらいちめん》をおおいつくしました（2004.6.18）

空《そら》の広《ひろ》い範囲《はんい》を一様《いちよう》にべたーとおおった雲《くも》を層状雲《そうじょううん》と言《い》います。層状雲《そうじょううん》という呼《よ》び方《かた》は、たくさんの雲片《うんぺん》からなる巻積雲《けんせきうん》（p.21）や高積雲《こうせきうん》（p.23）、層積雲《そうせきうん》（p.26）に限《かぎ》って使《つか》います。高層雲《こうそううん》（p.24）や巻層雲《けんそううん》（p.22）は、もともとべたーと空《そら》の広《ひろ》い範囲《はんい》をおおうので、これらの雲《くも》には「層状雲《そうじょううん》」という言葉《ことば》は使《つか》いません。

層積雲《そうせきうん》の層状雲《そうじょううん》タイプは、重《おも》い感《かん》じがすることから、「くもり雲《ぐも》」や「かさばり雲《ぐも》」などと呼《よ》ばれています。

▲重苦《おもくる》しい感《かん》じがする層積雲《そうせきうん》の層状雲《そうじょううん》タイプ（2004.5.4）

レンズ雲

レンズぐも

len —— 名前《なまえ》のとおり レンズ形《がた》の雲《くも》

▲レンズ雲《ぐも》は美《うつく》しい雲《くも》のひとつだと思《おも》います（2004.6.22）

凸《とつ》レンズを横《よこ》から見《み》たような形《かたち》をしているので、レンズ雲《ぐも》と呼《よ》ばれています。

また、豆《まめ》のサヤのように見《み》えるものもあり、「さや雲《ぐも》」とも呼《よ》ばれています。

おもに上空《じようくう》の風《かぜ》が強《つよ》いときに姿《すがた》を見《み》せる雲《くも》です。上空の風《かぜ》が強《つよ》まると、地上《ちじよう》の風《かぜ》も強《つよ》くなることが時々《ときどき》あるので、「レンズ雲《ぐも》は強風《きようふう》を告《つ》げる雲《くも》」と言《い》われています。

レンズ雲《ぐも》は巻積雲《けんせきうん》（p.21）や高積雲《こうせきうん》（p.23）、層積雲《そうせきうん》（p.26）が風《かぜ》や地《ち》形《けい》の影響《えいきよう》で形《かたち》を変《か》えてできたものです。太陽《たいよう》との位《い》置《ち》関係《かんけい》によっては、雲《くも》が虹色《にじいろ》にかがやく彩雲《さいうん》（p.54）になることがあります。

▲インゲンマメのサヤのようにも見《み》えるレンズ雲《ぐも》（2004.8.20）

霧状雲 きりじよううん neb 輪郭《りんかく》が はっきりしない雲《くも》

▲お風呂《ふろ》の湯気《ゆげ》のような雲《くも》です（2004.9.21）

輪郭《りんかく》がはっきりせず、ぼやけた感《かん》じの雲《くも》です。山間部《さんかんぶ》では天気《てんき》の悪《わる》い時《とき》に、山《やま》の中腹《ちゅうふく》に白《しろ》いもやっとした霧状《きりじよう》雲《うん》がかかるので、よく見《み》ることができます。

平地《へいち》に住《す》んでいる場合《ばあい》は、巻層雲《けんそううん》（p.22）の霧状雲《きりじよううん》タイプを見《み》ることができます。ただ、これは輪郭《りんかく》がぼやけている上《うえ》にとてもうすく、ぱっと見《み》ただけでは雲《くも》がかかっているのかどうかわからないくらいです。

早朝《そうちよう》や夕方《ゆうがた》に、ぱっと見《み》て何《なに》もないのに空全体《そらぜんたい》が赤《あか》や黄色《きいろ》に色《いろ》づいている場合《ばあい》は、巻層雲《けんそううん》の霧状雲《きりじよううん》タイプが出《で》ている可能性《かのうせい》があります。

▲ぼやーっとした雲《くも》なので
写真《しやしん》を撮《と》るのが難《むずか》しい（2004.10.6）

断片雲 だんぺんうん

fra —— ちぎれてしまった雲《くも》

▲上空《じようくう》の風《かぜ》が乱《みだ》れているのか、雲《くも》が流《なが》されてダンスをしていました（2004.5.21）

　雲《くも》をひきちぎったようなものが断片雲《だんぺんうん》です。天気《てんき》が悪《わる》い時《とき》に低《ひく》い空《そら》を飛《と》ぶ黒《くろ》い「ちぎれ雲《ぐも》」（p.49）も、断片雲《だんぺんうん》のなかまです。10種雲形《しゆうんけい》で、層雲《そううん》（p.29）や積雲《せきうん》（p.25）が上空《じようくう》の風《かぜ》などでちぎれた場合《ばあい》にだけ使《つか》い、それ以外《いがい》の雲《くも》は断片雲《だんぺんうん》とは呼《よ》びません。

　小《ちい》さな断片雲《だんぺんうん》がひらひらと風《かぜ》に流《なが》されていく様子《ようす》は、チョウチョウのように見《み》えるので、「蝶々雲《ちようちようぐも》」とも呼《よ》ばれています。

▲モンシロチョウのようにひらひらと流《なが》される「蝶々雲《ちようちようぐも》」（2004.9.22）

扁平雲 へんぺいうん／並雲 なみぐも 雄大雲 ゆうだいうん ― わた雲《ぐも》3兄弟《きようだい》

扁平雲 へんぺいうん hum

生《う》まれたばかりの積雲《せきうん》（p.25）です。雲《くも》の高《たか》さは数十《すうじゆう》～数百《すうひやく》メートル程度《ていど》です。まだ背《せ》が低《ひく》いので、雲《くも》のかげはうすく、雲底《うんてい》もそれほど灰色《はいいろ》にはなりません。積雲《せきうん》の中《なか》では赤《あか》ちゃんのような存在《そんざい》です。

◀積雲《せきうん》の赤《あか》ちゃん。小《ちい》さくてかわいいですね（2004.9.15）

並雲 なみぐも med

扁平雲《へんぺいうん》がさらに発達《はつたつ》したもので、雲《くも》の高《たか》さは数百《すうひやく》メートルから高《たか》いものだと 2 キロメートルにもなります。大気《たいき》が不安定《ふあんてい》だとどんどん大《おお》きくなることがあり、並雲《なみぐも》は成長期《せいちようき》の子《こ》どもと考《かんが》えることができます。

▶わたあめみたいにもこもこしていておいしそう（2004.7.28）

雄大雲 ゆうだいうん con

雄大積雲《ゆうだいせきうん》、または入道雲《にゆうどうぐも》とも呼《よ》ばれ、シャワーのような雨《あめ》を降《ふ》らせる雲《くも》です。

積雲《せきうん》の中《なか》では、中学生《ちゆうがくせい》～高校生《こうこうせい》くらいの存在《そんざい》で、さらに成長《せいちよう》したものは一人前《いちにんまえ》の積乱雲《せきらんうん》（p.28）となって激《はげ》しい雨《あめ》や雷《かみなり》をもたらします。

◀そそり立《た》つような雄大雲《ゆうだいうん》はちょっと恐怖《きようふ》を覚《おぼ》えます（2004.8.10）

無毛雲《むもううん》／多毛雲《たもううん》

積乱雲《せきらんうん》は毛《け》の有無《うむ》で分《わ》ける

▲この雲《くも》を見《み》ると夏休《なつやす》みの楽《たの》しい思《おも》い出《で》がよみがえります（2003.8.5）

無毛雲《むもううん》 cal

雄大雲《ゆうだいうん》（p.37）がさらに発達《はつたつ》して、もくもく感《かん》が少《すく》なくなってきたものを言《い》います。雲《くも》の頂上《ちようじよう》はまだ毛《け》ばだっていないので、「毛《け》の無《な》い雲《くも》」と書《か》いて「無毛雲《むもううん》」と言《い》います。

雄大雲《ゆうだいうん》を中学生《ちゆうがくせい》～高校生《こうこうせい》とすると、無毛雲《むもううん》は、成人《せいじん》したての雲《くも》といえます。

▼一見《いつけん》きれいだけど、雲《くも》の下《した》では激《はげ》しい雷雨《らいう》になっています（2004.7.30）

多毛雲《たもううん》 cap

雲《くも》の頂上《ちようじよう》から毛《け》のような雲《くも》をふきだしている積乱雲《せきらんうん》（p.28）を多《た》毛雲《もううん》と言《い》います。この毛《け》のような雲《くも》がどんどん広《ひろ》がって「かなとこ雲《ぐも》」（p.53）になります。

この雲《くも》は、無毛雲《むもううん》が発達《はつたつ》したもので、働《はたら》きざかりの積乱雲《せきらんうん》です。この下《した》では激《はげ》しい雷雨《らいう》となっています。

変種《へんしゅ》による分《わ》け方《かた》

もつれ雲《もつれぐも》

in 糸《いと》がもつれたような雲《くも》

◀もつれ雲《ぐも》が太陽《たいよう》をかくして、カサができました（2004・5・21）

上空《じょうくう》の強《つよ》い風《かぜ》に流《なが》されて、さまざまな形《かたち》になったすじ雲《ぐも》を「もつれ雲《ぐも》」と言《い》います。白《しろ》い糸《いと》がからみ合《あ》ったような形《かたち》をしているけれど、形《かたち》にとらえどころがないのが特徴《とくちょう》です。どこに分類《ぶんるい》していいかわからないようなすじ雲《ぐも》は、だいたいこのもつれ雲《ぐも》といえます。

もつれ雲《ぐも》に限《かぎ》らず、巻雲《けんうん》(p.20) はみるみるうちに形《かたち》を変《か》えていくので、見《み》ていて楽《たの》しいです。

たとえば、さっきまで肋骨雲《ろっこつうん》（p.41）だったものが、いつのまにか毛状雲《もうじょううん》（p.30）になり、先《さき》にカギができて鈎状雲《じょううん》（p.30）となり、最終的《さいしゅうてき》にもつれ雲《ぐも》に形《かたち》を変《か》えて消《き》えてしまう……というように、どんどん形《かたち》が変《か》わるため、短《みじか》い時間《じかん》にたくさんの種類《しゅるい》の雲《くも》を見《み》ることができます。

▲雲《くも》と雲《くも》とがぶつかったよ（2004.9.22）

放射状雲

ほうしやじょううん

ra　放射状《ほうしゃじょう》に広《ひろ》がった雲《くも》

◀ジェット巻雲《けんうん》と呼《よ》ばれる細《ほそ》い巻雲《けんうん》が放射状《ほうしゃじょう》に並《なら》びました（2004・7・20）

　放射状雲《ほうしゃじょううん》は、名前《なまえ》のとおり１点《てん》から放射状《ほうしゃじょう》に広《ひろ》がって見《み》える雲《くも》です。実際《じっさい》には雲《くも》は平行《へいこう》に並《なら》んでいることがほとんどなのですが、遠近効果《えんきんこうか》によって放射状《ほうしゃじょう》に見《み》えます。放射状雲《ほうしゃじょううん》は、たくさんの雲《くも》がひとつの地点《ちてん》を指《さ》しているようにも見《み》えるので、しばしば「地震雲《じしんぐも》」とかんちがいされることがあります。

　上空《じょうくう》をジェット気流《きりゅう》が走《はし》っているときには、ジェット巻雲《けんうん》と呼《よ》ばれる細長《ほそなが》い巻雲《けんうん》（p.20）が何本《なんぼん》も出《で》ることがあります。そういうときは、放射状雲《ほうしゃじょううん》になりやすいので要《よう》チェックです。

遠近効果《えんきんこうか》って？

　どこまでもまっすぐのびる線路《せんろ》を見《み》ると、２本《ほん》のレールが地平線付近《ちへいせんふきん》でぶつかっているように見《み》えます。レールは平行《へいこう》に作《つく》られているのに不思議《ふしぎ》ですねー。

　これは、近《ちか》くのものは大《おお》きく、遠《とお》くのものは小《ちい》さく見《み》えるという、人間《にんげん》の目《め》が引《ひ》き起《お》こしている錯覚《さっかく》なのです。

「近《ちか》くのものは大《おお》きく、遠《とお》くのものは小《ちい》さく見《み》える」――この現象《げんしょう》を遠近効果《えんきんこうか》と言《い》います。放射状雲《ほうしゃじょううん》も、遠近効果《えんきんこうか》によってあのような形《かたち》になるのです。

遠近効果《えんきんこうか》

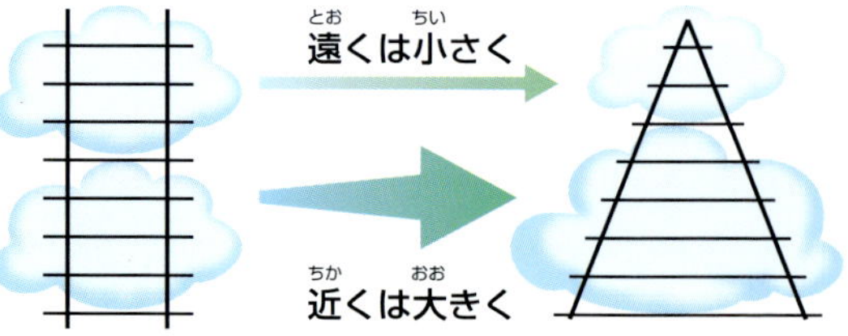

肋骨雲　ろっこつうん　ve ── 魚《さかな》の骨《ほね》にそっくりな雲《くも》

◀あまりにも見事《みごと》な肋骨雲《ろっこつうん》なので、夢中《むちゅう》になってシャッターを切《き》りました（2004.10.6）

文字《もじ》どおり、「肋骨《ろっこつ》」や「魚《さかな》の骨《ほね》」のように見《み》える雲《くも》です。中心《ちゅうしん》に１本芯《ぽんしん》があり、その両側《りょうがわ》に糸《いと》のような形《かたち》のものをたくさん出《だ》した雲《くも》です。時《とき》に空《そら》のキャンバス全体《ぜんたい》を使《つか》うような大《おお》きな肋骨雲《ろっこつうん》が出《で》ることがあり、その姿《すがた》は感動的《かんどうてき》です。

鳥《とり》の羽根《はね》のように見《み》える雲《くも》は「羽根雲《はねぐも》」と呼《よ》ばれていますが、羽根雲《はねぐも》はみな、中心《ちゅうしん》のじくから両側《りょうがわ》にふさふさと毛《け》を出《だ》す形《かたち》をとっているので、肋骨雲《ろっこつうん》の特別《とくべつ》な形《かたち》ではないかと思《おも》います。

肋骨雲《ろっこつうん》は天気《てんき》がくずれる前《まえ》に出《で》ることが多《おお》いため、天気予報《てんきよほう》で「低気圧《ていきあつ》が近《ちか》づいている」などと言《い》っているときは、肋骨雲《ろっこつうん》ウォッチングのチャンスです。

▲大空《おおぞら》に羽《は》ばたく白《しろ》い鳥《とり》の羽根《はね》のようです（2004.6.11）

二重雲 にじゅううん

du 二重《にじゅう》に並《なら》ぶ雲《くも》

▲かなり見事《みごと》な二重雲《にじゅううん》。わずか数十分《すうじゅつぷん》で消《き》えてしまいました（2004.6.23）

同《おな》じ形《かたち》の雲《くも》が姿《すがた》や色《いろ》を変《か》えて二重《にじゅう》に並《なら》んでいるものを二重雲《にじゅううん》と言《い》います。

わずかな高度差《こうどさ》で上空《じょうくう》の風《かぜ》の流《なが》れが大《おお》きく変化《へんか》しているときに姿《すがた》を見《み》せる雲《くも》です。前線《ぜんせん》（p.73）が近《ちか》づくと、わずかな高度《こうど》のちがいで風向《かざむ》きが大《おお》きく変《か》わることがよくあります。つまり、二重雲《にじゅううん》が出《で》ると前線《ぜんせん》が近《ちか》づいていることになるので、天気《てんき》は悪《わる》くなる傾向《けいこう》にあります。

これを逆手《ぎゃくて》にとって、天気図《てんきず》で前線《ぜんせん》マークが近《ちか》づいているときは二重雲《にじゅううん》の出《で》ることがあるので、ねらってみるといいかもしれません。

▲毛糸《けいと》の編《あ》み物《もの》のような形《かたち》です（2004.9.8）

波状雲 はじょううん

un 雲《くも》が作《つく》った波《なみ》の模様《もよう》

▲巻積雲《けんせきうん》の波状雲《はじょううん》。シダの葉《は》っぱみたい（2004.1.2）

雲《くも》が大空《おおぞら》にさざなみのような模様《もよう》を作《つく》っていることがあります。それが波状雲《はじょううん》です。

上空《じょうくう》の高《たか》い雲《くも》が作《つく》る波状雲《はじょううん》は、小《ちい》さなさざなみのような形《かたち》ですが、低《ひく》い雲《くも》が作《つく》る波状雲《はじょううん》は、ロールが並《なら》んだようにうねっているのが特徴《とくちょう》です。

波状雲《はじょううん》は、雲《くも》がうかぶ晴《は》れの日《ひ》には8割《わり》がた出現《しゅつげん》しており、たくさん見《み》る機会《きかい》のある雲《くも》のひとつです。時《とき》に、空全体《そらぜんたい》に広《ひろ》がって感動的《かんどうてき》な姿《すがた》を見《み》せることがあります。高積雲《こうせきうん》（p.23）が波状《はじょう》に並《なら》んだものは、サバの背中《せなか》の模様《もよう》に似《に》ていることから、「サバ雲《ぐも》」と呼《よ》ぶことがあります。

▲低《ひく》い雲《くも》の波状雲《はじょううん》はうねる感《かん》じです（2004.10.1）

蜂の巣状雲《はちのすじょううん》

Ia 穴《あな》の開《あ》いた雲《くも》

▲本当《ほんとう》に蜂《はち》の巣《す》のように見《み》えるめずらしい雲《くも》です（2003.4.4）

巻積雲《けんせきうん》（p.21）などの雲《くも》をよく見《み》ると、穴《あな》の開《あ》いたような雲《くも》が出《で》ていることがあります。

そういう雲《くも》は、穴《あな》からは青空《あおぞら》がのぞき、その周《まわ》りを白《しろ》い雲《くも》で縁取《ふちど》られたような形《かたち》になります。蜂《はち》の巣《す》のように見《み》えるので「蜂《はち》の巣状雲《すじょううん》」と呼《よ》ばれています。

穴《あな》は次第《しだい》に大《おお》きくなり、雲《くも》が消滅《しょうめつ》してしまうこともしばしばで、なかなか見《み》られないめずらしい雲《くも》です。天気《てんき》がよくなって、雲《くも》がなくなりつつあるときをねらうと、運《うん》がよければ見《み》られるかもしれません。

▲かもめの群《む》れにも見《み》えますね（2004.8.15）

半透明雲《はんとうめいうん》／不透明雲《ふとうめいうん》・太陽《たいよう》の見《み》え方《かた》で分《わ》ける

半透明雲《はんとうめいうん》 tr

雲《くも》がかかっていても、太陽《たいよう》や月《つき》の位置《いち》がしっかり確認《かくにん》できる雲《くも》を半透明雲《はんとうめいうん》と言《い》います。比較的《ひかくてき》うすい雲《くも》の集《あつ》まりです。

半透明雲《はんとうめいうん》を通《とお》した太陽《たいよう》は、すりガラスを通《とお》したようにぼやっとしています。

▲太陽《たいよう》が雲《くも》の一部《いちぶ》のように見《み》えます（2003.6.18）

▼あのまぶしい太陽《たいよう》をかくしてしまうのだから相当《そうとう》ぶあつい雲《くも》です（2004.8.11）

不透明雲《ふとうめいうん》 op

太陽《たいよう》をすっかりかくしてしまうぶあつい雲《くも》を不透明雲《ふとうめいうん》と言《い》います。半透明雲《はんとうめいうん》・不透明雲《ふとうめいうん》は、おもに、雲《くも》の厚《あつ》さを区別《くべつ》するために使《つか》われている分《わ》け方《かた》です。

すきま雲

すきまぐも

pe すきまのある雲《くも》

▲わずかに青空《あおぞら》がのぞいています（2003.9.17）

高積雲《こうせきうん》（p.23）や層積雲《そうせきうん》（p.26）の雲片《うんぺん》が、空一面《そらいちめん》に広《ひろ》がることがあります。その雲片《うんぺん》と雲片《うんぺん》の間《あいだ》に、少《すこ》しでもすきまのある雲《くも》を「すきま雲《ぐも》」と言《い》います。「すきま」の部分《ぶぶん》は何《なに》もないので、昼間《ひるま》なら青空《あおぞら》を見《み》ることができます。

また、上空《じようくう》をすきま雲《ぐも》が流《なが》れているときは、太陽《たいよう》や月《つき》が見《み》えたりかくれたりします。

高積雲《こうせきうん》のすきま雲《ぐも》から、少《すこ》しずつすきまがなくなり、空一面《そらいちめん》をおおう高層雲《こうそううん》（p.24）へと姿《すがた》を変《か》えると、次第《しだい》に天気《てんき》が悪《わる》くなることもあります。

▲くもり空《ぞら》のすきまから青空《あおぞら》がのぞくと、うれしくなってきます（2004.8.25）

副変種《ふくへんしゅ》による分《わ》け方《かた》

乳房雲《にゅうぼううん》 mam

不気味《ぶきみ》な雲《くも》のこぶが並《なら》ぶ

▲牛《うし》のお乳《ちち》のように見《み》えます（2003.7.11）

雲《くも》をよく見《み》ると、ふっくらとした丸《まる》いこぶがたくさん見《み》えることがあります。この雲《くも》のこぶは、ちょうど牛《うし》のお乳《ちち》のように見《み》えるので乳房雲《にゅうぼううん》と呼《よ》ばれています。

乳房雲《にゅうぼううん》は、雲底《うんてい》の気流《きりゅう》が乱《みだ》れているときに姿《すがた》を見《み》せるもので、激《はげ》しい雷雨《らいう》や大雨《おおあめ》の前《まえ》ぶれとして出現《しゅつげん》することが多《おお》いです。

また、「くも日記《にっき》」（p.62）の記録《きろく》では、台風《たいふう》が日本海《にほんかい》に進《すす》んだ場合《ばあい》の関東地方《かんとうちほう》において、高《たか》い確率《かくりつ》で乳房雲《にゅうぼううん》が出現《しゅつげん》していました。

▲台風《たいふう》16号《ごう》が日本海《にほんかい》に進《すす》んだときに見《み》られた乳房雲《にゅうぼううん》。雲《くも》のこぶが一列《いちれつ》に並《なら》んでいます（2004.8.31）

尾流雲《びりゅううん》／降水雲《こうすいうん》

降《ふ》っている雨《あめ》が見《み》える

▲もやもやしているので写真《しゃしん》に撮《と》るのが難《むずか》しい雲《くも》のひとつです（2003.1.13）

尾流雲 びりゅううん vir

雲底《うんてい》がもやもやとした感《かん》じの雲《くも》を尾流雲《びりゅううん》と言《い》います。時《とき》に、雲底《うんてい》からしっぽのように、すじを引《ひ》いているものもあります。

これは、雲底《うんてい》から落《お》ちてきた雨《あま》粒《つぶ》が、地面《じめん》に届《とど》く前《まえ》に蒸発《じょうはつ》してできたものです。

冬《ふゆ》、上空《じょうくう》に強《つよ》い寒気《かんき》が流《なが》れこんでくるときに、高《たか》い確率《かくりつ》で見《み》ることができます。

▼雲《くも》の下《した》はものすごい雨《あめ》なんでしょうね（2004.7.15）

降水雲 こうすいうん pra

遠《とお》くで降《ふ》っている雨《あめ》が目《め》に見《み》える状態《じょうたい》を降水雲《こうすいうん》と言《い》います。気象《きしょう》観測《かんそく》の世界《せかい》では「視程内降水《していないこうすい》」とも呼《よ》ばれています。

夏《なつ》の夕方《ゆうがた》、積乱雲《せきらんうん》（p.28）が発《はつ》達《たつ》して空《そら》が急《きゅう》に暗《くら》くなったとき、遠《とお》くの空《そら》を見《み》ると、時々《ときどき》見《み》ることができます。

ちぎれ雲

ちぎれぐも

pan

低《ひく》い空《そら》を流《なが》れる雲《くも》

▲朝日《あさひ》に照《て》らされ、ちぎれ雲《ぐも》がオレンジに染《そ》まりました（2004.8.5）

天気《てんき》が悪《わる》いときに、低《ひく》い空《そら》を速《はや》いスピードで流《なが》れている雲《くも》が「ちぎれ雲《ぐも》」です。ちぎれ雲《ぐも》は、高層雲《こうそううん》（p.24）・乱《らん》層雲《そううん》（p.27）・積雲《せきうん》（p.25）・積乱雲《せきらんうん》（p.28）の雲底《うんてい》に現《あらわ》れます。ちぎれ雲《ぐも》自体《じたい》は断片雲《だんぺんうん》（p.36）とまったく同《おな》じものです。

なお、高層雲《こうそううん》にちぎれ雲《ぐも》が飛《と》び始《はじ》めると、雨《あめ》の前《まえ》ぶれと言《い》われています。そのときのちぎれ雲《ぐも》は、とても黒《くろ》い雲《くも》で、見《み》た目《め》をイノシシにたとえて黒猪《くろつちょ》と呼《よ》ばれています。ほかにも、黒《くろ》いちぎれ雲《ぐも》を「こごり雲《ぐも》」「片乱雲《へんらんうん》」と呼《よ》ぶこともあるようです。

▲台風通過時《たいふうつうかじ》のちぎれ雲《ぐも》。
ものすごい速《はや》さで流《なが》れていきます（2004.8.31）

ベール雲《ベールぐも》／頭巾雲《ずきんぐも》・積乱雲《せきらんうん》のおしゃれ「その1」

▲青空《あおぞら》とのコントラストが最高《さいこう》に美《うつく》しい（2004.9.7）

ベール雲　ベールぐも　vel

積雲《せきうん》（p.25）や積乱雲《せきらんうん》（p.28）のてっぺんにもやもやとしたベールのような雲《くも》が出《で》ることがあります。これがベール雲《ぐも》で、下《した》の頭巾《ずきん》雲《ぐも》と合《あ》わせて「かつぎ」と呼《よ》ばれています。

平安時代《へいあんじだい》の女性《じょせい》が外出《がいしゅつ》の際《さい》にかぶった衣服《いふく》に衣被《きぬかつぎ》というものがあり、積乱雲《せきらんうん》を女《おんな》の子《こ》、ベール雲《ぐも》を衣被《きぬかつぎ》になぞらえて、「かつぎ」という名前《なまえ》で親《した》しまれています。

▼夏休《なつやす》み、積乱雲《せきらんうん》の坊《ぼう》やが麦《むぎ》わら帽子《ぼうし》をかぶって遊《あそ》んでいます（2004.7.15）

頭巾雲　ずきんぐも　pil

積乱雲《せきらんうん》の雲頂《うんちょう》にちょこんと乗《の》っかっている雲《くも》です。ベール雲《ぐも》よりコンパクトなのが特徴《とくちょう》です。

積乱雲《せきらんうん》が頭巾雲《ずきんぐも》やベール雲《ぐも》をつきぬけて発達《はったつ》することがあり、そうすると、雲《くも》がえりまきをしているように見《み》えるため、「えりまき雲《ぐも》」と呼《よ》ばれています。

アーチ雲 アーチぐも

arc

積乱雲《せきらんうん》のおしゃれ「その2」

▲大気《たいき》が不安定《ふあんてい》で雲《くも》が上下左右《じようげさゆう》に動《うご》きまわっています（2004.9.22）

おもに積乱雲《せきらんうん》（p.28）の底《そこ》に現《あらわ》れる黒《くろ》いロールのような雲《くも》です。アーケード街《がい》のアーチのようにも見《み》えるので「アーチ雲《ぐも》」と言《い》います。

とてもめずらしい雲《くも》で、しかもすぐに消《き》えてしまうので、めったに見《み》ることができません。

積乱雲《せきらんうん》からは激《はげ》しい雨《あめ》とともに冷《つめ》たい下降気流《かこうきりゆう》が発生《はつせい》しており、これが地上付近《ちじようふきん》に達《たつ》すると、暖《あたた》かい空気《くうき》がおし上《あ》げられる形《かたち》で上昇《じようしよう》して、アーチ雲《ぐも》を作《つく》ります。

積乱雲《せきらんうん》の周《まわ》りに現《あらわ》れる雲《くも》

積乱雲《せきらんうん》の周《まわ》りにはいろいろなめずらしい雲《くも》が発生《はつせい》します。その位置関係《いちかんけい》を図《ず》にしてみました。

積乱雲《せきらんうん》と付随雲《ふずいうん》

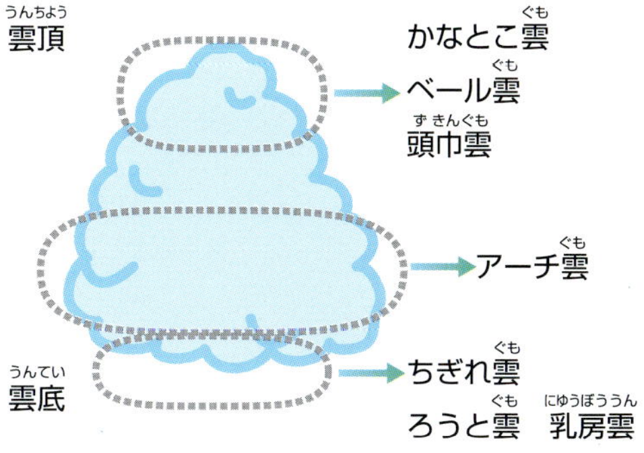
雲頂《うんちよう》
かなとこ雲《ぐも》
ベール雲《ぐも》
頭巾雲《ずきんぐも》
アーチ雲《ぐも》
雲底《うんてい》
ちぎれ雲《ぐも》
ろうと雲《ぐも》
乳房雲《にゆうぼううん》

ろうと雲

ろうとぐも

tub 非常《ひじょう》にめずらしい雲《くも》

◀下《した》にとんがったおもしろい形《かたち》の雲《くも》です（2003.8.25）

雲底《うんてい》から「ろうと」のような形《かたち》に垂《た》れ下《さ》がったものを、「ろうと雲《ぐも》」と言《い》います。おもに、積乱雲《せきらんうん》（p.28）の底《そこ》にできることが多《おお》く、ろうと雲自体《ぐもじたい》は非常《ひじょう》に激《はげ》しく渦巻《うずま》いています。これが発達《はったつ》し地上《ちじょう》に達《たつ》すると、たつまきとなって被害《ひがい》をもたらします。ろうと雲《ぐも》は「たつまきの子《こ》ども」と言《い》うことができると思《おも》います。

非常《ひじょう》にめずらしく、めったに見《み》ることができません。もし、ねらうとすれば、積乱雲《せきらんうん》におおわれて空《そら》が急《きゅう》に真《ま》っ暗《くら》になったときです。こういうときはろうと雲《ぐも》のほかにも乳房雲《にゅうぼううん》（p.47）や降水雲《こうすいうん》（p.48）など、めずらしい雲《くも》を見《み》るいい機会《きかい》です。ただ、積乱雲《せきらんうん》は非常《ひじょう》に危険《きけん》な雲《くも》なので、雲《くも》ウォッチングは無理《むり》のないようにしてくださいね。

▲とても不気味《ぶきみ》な姿《すがた》のろうと雲《ぐも》（2003.1.29）

かなとこ雲

かなとこぐも

inc

積乱雲《せきらんうん》の雲頂《うんちよう》にできる雲《くも》

▲かなとこ雲《ぐも》の後《うし》ろに太陽《たいよう》があるため、おもしろい感《かん》じになりました（2003.9.18）

発生《はつせい》からある程度時間《ていどじかん》が経《た》った積乱雲《せきらんうん》（p.28）の雲頂《うんちよう》は、「もくもくした感《かん》じ」ではなく、「すーっと」かなとこ（金属《きんぞく》をきたえる鉄《てつ》の台《だい》）のような雲《くも》がのびています。

これがかなとこ雲《ぐも》で、氷《こおり》の粒《つぶ》でできています。

積乱雲《せきらんうん》が短《みじか》い寿命《じゆみよう》を終《お》えた後《あと》も、かなとこ雲《ぐも》は巻雲《けんうん》（p.20）に姿《すがた》を変《か》えて残《のこ》ります。

かなとこ雲《ぐも》の中《なか》でも形《かたち》が美《うつく》しいものは、朝顔《あさがお》の花《はな》のようにも見《み》えるので「朝顔雲《あさがおぐも》」とも呼《よ》ばれています。

▲平行四辺形《へいこうしへんけい》の形《かたち》をした雲《くも》ですね（2004.7.30）

雲《くも》と光《ひかり》の
芸術作品《げいじゅつさくひん》

彩雲 さいうん iridescent cloud ——— 五色《ごしき》にかがやく雲《くも》

▲夕方《ゆうがた》に出《で》た彩雲《さいうん》。明日《あす》はいいことあるかな？（2004.10.7）

本来白《ほんらいしろ》いはずの雲《くも》が、ピンクや緑《みどり》などさまざまな色《いろ》にかがやいて見《み》えるものを彩雲《さいうん》と言《い》います。

うすい高積雲《こうせきうん》（p.23）や積雲《せきうん》（p.25）が太陽《たいよう》をかくしたときに、運《うん》がよければ見《み》ることができる、比較的《ひかくてき》めずらしい雲《くも》です。めったに出現《しゅつげん》しないことと美《うつく》しいことから、昔《むかし》から彩雲《さいうん》は「良《よ》いことの前兆《ぜんちょう》」と言《い》われており、「慶雲《けいうん》」と呼《よ》ばれてきました。

同《おな》じように雲《くも》がいろいろな色《いろ》にかがやくものに、環水平《かんすいへい》アークや日光環《にっこうかん》（p.55）がありますが、こちらは虹《にじ》のように規則的《きそくてき》に色《いろ》づくのが特徴《とくちょう》で、不規則《ふきそく》に色《いろ》が入《い》り乱《みだ》れる彩雲《さいうん》と区別《くべつ》することができます。

▲日中《にっちゅう》の彩雲《さいうん》はまぶしくて撮影《さつえい》が難《むずか》しい（2004.9.30）

日光環 につこうかん corona ―― 太陽《たいよう》の周《まわ》りに出《で》る虹《にじ》の模様《もよう》

▲巻層雲《けんそううん》におおわれて、とてもきれいな日光環《につこうかん》が出現《しゆつげん》しました（2004.4.15）

太陽《たいよう》の周《まわ》りに虹《にじ》のような模様《もよう》が見《み》える現象《げんしよう》を、日光環《につこうかん》またはコロナと言《い》います。

太陽《たいよう》が巻層雲《けんそううん》（p.22）や高層雲《こうそううん》（p.24）、高積雲《こうせきうん》（p.23）の半透明雲《はんとうめいうん》（p.45）タイプのうすい雲《くも》におおわれると、すりガラスを通《とお》したようなぼやーっとした白《しろ》い円盤状《えんばんじよう》の形《かたち》になります。これをオーレオールと呼《よ》んでいます。

この、オーレオールの周《まわ》りに、外側《そとがわ》が紫《むらさき》、内側《うちがわ》が赤《あか》で、虹《にじ》のような輪《わ》ができることがあり、その部分《ぶぶん》を日光環《につこうかん》と言《い》います。

満月《まんげつ》の夜《よる》、月《つき》の周《まわ》りに同《おな》じようなものが出現《しゆつげん》することがあり、これは月光環《げつこうかん》と呼《よ》ばれています。

空《そら》を見《み》るときの注意事項《ちゆういじこう》

カサや日光環《につこうかん》・彩雲《さいうん》（p.54）など、太陽《たいよう》の周辺《しゆうへん》に発生《はつせい》する現象《げんしよう》を観察《かんさつ》するときは、太陽《たいよう》をじかに見《み》ないように気《き》をつけましょう。

かならず、太陽《たいよう》に手《て》をかざして、目《め》に直射日光《ちよくしやにつこう》が入《はい》らないように注意《ちゆうい》してください。

日光環《につこうかん》などをデジカメで撮影《さつえい》するときは、ファインダーをのぞくと危険《きけん》なので、モニターで確認《かくにん》しながら撮影《さつえい》するようにします。その際《さい》も、指《ゆび》や電柱《でんちゆう》などをうまく使《つか》って太陽《たいよう》をかくして撮《と》ると、成功率《せいこうりつ》がぐっと高《たか》くなります。

上《うえ》の写真《しやしん》は、露出《ろしゆつ》やＦ値《ち》など特殊《とくしゆ》な設定《せつてい》をしていますが、太陽《たいよう》をじかに撮《と》っているため、右下《みぎした》の部分《ぶぶん》がきたなくなっています。

幻日《げんじつ》 mock sun —— 太陽《たいよう》がふたつあるように見《み》える

▲幻日《げんじつ》は、早朝《そうちよう》や夕方《ゆうがた》に気《き》をつけているとけっこう見《み》ることができます（2004.4.15）

太陽《たいよう》の横《よこ》に短《みじか》い虹《にじ》のようなものが出《で》ることがあります。これが幻日《げんじつ》で、カサの一種《いつしゅ》です。

太陽高度《たいようこうど》の低《ひく》い早朝《そうちよう》や夕方《ゆうがた》に、太陽《たいよう》が巻層雲《けんそううん》（p.22）などのうすい雲《くも》にかくれると出現《しゆつげん》します。時《とき》には、太陽《たいよう》の左《さ》右《ゆう》両側《りようがわ》に、２個《こ》発生《はつせい》することもあります。

幻日《げんじつ》は、とてもまぶしい光《ひかり》のかたまりで、英語《えいご》でmock sun。「いつわりの太陽《たいよう》」と呼《よ》ばれています。見事《みごと》な幻《げん》日《じつ》が出《で》ると、太陽《たいよう》が２個《こ》あるいは３個《こ》もあるように見《み》えるからです。

▲幻日《げんじつ》が横《よこ》にのびた幻日環《げんじつかん》。
とてもめずらしい現象《げんしよう》です（2004.5.11）

第《だい》3章《しょう》

雲《くも》を実《じつ》際《さい》に観《かん》察《さつ》してみよう

デジカメで写真《しゃしん》を撮《と》るポイント

第《だい》2章《しょう》で紹介《しょうかい》した雲《くも》の写真《しゃしん》は、200万画素《まんがそ》のデジカメで撮影《さつえい》したものです。

雲《くも》の写真《しゃしん》であれば、200万画素《まんがそ》あればじゅうぶんプロに近《ちか》い写真《しゃしん》を撮《と》ることができます。ただ、200万画素《まんがそ》のデジカメでも、一眼《いちがん》レフのプロ仕様《しよう》のデジカメでも、基本的《きほんてき》なポイントをつかんでおかないと、失敗《しっぱい》してしまいます。

ここでは、デジカメで写真《しゃしん》を撮《と》るときに失敗《しっぱい》しないためのコツを紹介《しょうかい》します。

デジカメ上達《じょうたつ》のコツは、たくさん撮《と》ることです。いろいろな雲《くも》の写真《しゃしん》をひたすら撮《と》っていくと、自分《じぶん》なりのコツがつかめてきます。デジカメは失敗《しっぱい》してもいくらでも撮《と》りなおせるので、失敗《しっぱい》を恐《おそ》れず数多《かずおお》くの写真《しゃしん》を撮《と》ってみてくださいね。

ホワイトバランスに注意《ちゅうい》しよう

デジカメの設定《せってい》で、ホワイトバランスというものがあります。これは簡単《かんたん》に言《い》うと、「白色《しろいろ》をどんな感《かん》じに写《うつ》すか」を調節《ちょうせつ》する機能《きのう》です。

デジカメのホワイトバランスには、だいたい「太《たい》陽光《ようこう》」「くもり」「電球《でんきゅう》」「蛍光灯《けいこうとう》」の4種類《しゅるい》があります。これをうまく調節《ちょうせつ》しないと、白《しろ》い雲《くも》がきれいに写《うつ》らないどころか、青空《あおぞら》までも変《へん》な色《いろ》になってしまいます。

次《つぎ》の4枚《まい》は、ホワイトバランスをいろいろ変《か》えて、蛍光灯《けいこうとう》の下《した》で白《しろ》い紙《かみ》を写《うつ》したものです。

太陽光《たいようこう》　くもり　電球《でんきゅう》　蛍光灯《けいこうとう》

普通《ふつう》の白《しろ》い紙《かみ》ですが、ホワイトバランスを変《か》えただけでまったく色《いろ》がちがいますね。今回《こんかい》は蛍光灯《けいこうとう》の下《した》で撮影《さつえい》したので、「蛍光灯《けいこうとう》」のホワイトバランスがもっとも自然《しぜん》な白《しろ》になっています。

実際《じっさい》の撮影《さつえい》のときには、雲《くも》の白《しろ》い部分《ぶぶん》を見比《みくら》べながら、ホワイトバランスを調節《ちょうせつ》します。

露《ろ》出《しゅつ》設《せつ》定《てい》ってなぁに？

露出《ろしゅつ》はわかりやすく言《い》うと、「光《ひかり》をどれくらい取《と》り入《い》れるか」ということです。つまり、露出《ろしゅつ》の具合《ぐあい》で写真《しゃしん》の明《あか》るさの度合《どあ》いが決《き》まり、これに失敗《しっぱい》すると暗《くら》くなったり、真《ま》っ白《しろ》になったりします。

露出設定《ろしゅつせってい》は標準的《ひょうじゅんてき》なデジカメでは、－2～0～＋2まで調節《ちょうせつ》できます。－2がもっとも暗《くら》く、＋2ではもっとも明《あか》るく写《うつ》ります。

次《つぎ》の2枚《まい》は露出設定《ろしゅつせってい》に失敗《しっぱい》した例《れい》です。

1

2

1は、夕方《ゆうがた》なのに、露出設定《ろしゅつせってい》を－2にして撮影《さつえい》したものです。真《ま》っ暗《くら》になっていますね。

かといって、露出設定《ろしゅつせってい》を大《おお》きくすればいいというものでもなく、＋1で撮影《さつえい》した2は、明《あか》るすぎてこれまた失敗《しっぱい》です。

このように、露出《ろしゅつ》の設定《せってい》は、ちょっとのちがいで失敗作《しっぱいさく》になりかねません。慣《な》れるまでは、露出《ろしゅつ》を「自動《じどう》」にしておくといいでしょう。

フラッシュはなるべく使《つか》わない

空《そら》の写真《しゃしん》を撮《と》るときは、フラッシュをなるべく使《つか》わないのが基本《きほん》です。夕方《ゆうがた》や悪天候《あくてんこう》で暗《くら》い場合《ばあい》は、露出《ろしゅつ》を設定《せってい》して、明《あか》るくします。

ただ、雨《あめ》や雪《ゆき》のときにフラッシュを使《つか》うと、雨粒《あまつぶ》や雪片《せつぺん》に光《ひかり》が当《あ》たって、右《みぎ》のようにおもしろい写真《しゃしん》が撮《と》れたりします。

きみにもできる雲《くも》予《よ》報《ほう》

テレビの天気予報《てんきよほう》や空《そら》の状態《じょうたい》を見《み》ると、出現《しゅつげん》する雲《くも》をある程度予測《ていどよそく》することができます。
わたしのスカイウォッチング経験《けいけん》をもとに、気象学的《きしょうがくてき》に説明《せつめい》できるものをいくつか紹介《しょうかい》します。

空《そら》の状態《じょうたい》から雲《くも》を予《よ》測《そく》

空《そら》の状態《じょうたい》	季節《きせつ》	出現《しゅつげん》しやすい雲《ぐも》
◆急《きゅう》に風《かぜ》が強《つよ》くなって積雲《せきうん》が増《ふ》えてきた	冬《ふゆ》	尾流雲《びりゅううん》・降水雲《こうすいうん》
◆空《そら》が急《きゅう》に暗《くら》くなった ◆遠《とお》くで雷《かみなり》が鳴《な》りはじめた	通年《つうねん》	乳房雲《にゅうぼううん》・尾流雲《びりゅううん》・降水雲《こうすいうん》・アーチ雲《ぐも》 ろうと雲《ぐも》・かなとこ雲《ぐも》
◆積雲《せきうん》がたくさんうかんでいる	夏《なつ》	雄大雲《ゆうだいうん》・尾流雲《びりゅううん》・頭巾雲《ずきんぐも》・ベール雲《ぐも》 アーチ雲《ぐも》・かなとこ雲《ぐも》
◆激《はげ》しい雷雨《らいう》の後《あと》の晴《は》れ間《ま》	通年《つうねん》	巻雲《けんうん》・巻積雲《けんせきうん》・濃密雲《のうみつうん》・毛状雲《もうじょううん》 鈎状雲《かぎじょううん》・もつれ雲《ぐも》・波状雲《はじょううん》
◆青空《あおぞら》の中《なか》、巻雲《けんうん》がうかびはじめた	通年《つうねん》	毛状雲《もうじょううん》・鈎状雲《かぎじょううん》・房状雲《ふさじょううん》・濃密雲《のうみつうん》 もつれ雲《ぐも》・放射状雲《ほうしゃじょううん》
◆雲《くも》が切《き》れて晴《は》れ間《ま》がのぞいてきた	通年《つうねん》	巻積雲《けんせきうん》・高積雲《こうせきうん》・層積雲《そうせきうん》 層状雲《そうじょううん》・放射状雲《ほうしゃじょううん》・二重雲《にじゅううん》・波状雲《はじょううん》 蜂《はち》の巣状雲《すじょううん》・半透明雲《はんとうめいうん》・すきま雲《ぐも》
◆しとしとと雨《あめ》が降《ふ》りはじめた	通年《つうねん》	乱層雲《らんそううん》・層雲《そううん》・ちぎれ雲《ぐも》 霧状雲《きりじょううん》・乳房雲《にゅうぼううん》
◆東風《ひがしかぜ》がふきはじめ雲《くも》が出《で》てきた	春《はる》・ 夏《なつ》・秋《あき》	高層雲《こうそううん》・層雲《そううん》・ちぎれ雲《ぐも》・霧状雲《きりじょううん》
◆晴《は》れて高積雲《こうせきうん》がうかんでいる	秋《あき》	層状雲《そうじょううん》・二重雲《にじゅううん》・波状雲《はじょううん》・半透明雲《はんとうめいうん》・不透明雲《ふとうめいうん》
◆台風《たいふう》が通過《つうか》して晴《は》れてきた ◆台風一過《たいふういつか》の青空《あおぞら》	夏《なつ》・秋《あき》	層積雲《そうせきうん》・レンズ雲《ぐも》

テレビやラジオの天気予報《てんきよほう》を聞《き》いて雲《くも》を予測《よそく》

天気予報《てんきよほう》の解説《かいせつ》	季節《きせつ》	出現《しゅつげん》しやすい雲《ぐも》
◆大気《たいき》の状態《じょうたい》が不安定《ふあんてい》 ◆上空《じょうくう》に寒気《かんき》が流《なが》れこむ	通年《つうねん》	積雲《せきうん》・積乱雲《せきらんうん》・並雲《なみぐも》・雄大雲《ゆうだいうん》・乳房雲《にゅうぼううん》・降水雲《こうすいうん》 頭巾雲《ずきんぐも》・ベール雲《ぐも》・かなとこ雲《ぐも》
◆雨《あめ》が降《ふ》りそう ◆しとしとと雨《あめ》が降《ふ》り続《つづ》く	通年《つうねん》	乱層雲《らんそううん》・層雲《そううん》・ちぎれ雲《ぐも》 霧状雲《きりじょううん》(山間部《さんかんぶ》)
◆上空《じょうくう》をうすい雲《くも》が通過《つうか》する ◆うすぐもりのところが多《おお》い ◆少《すこ》しずつ雲《くも》が増《ふ》える ◆天気《てんき》はゆっくり下《くだ》り坂《ざか》	春《はる》・秋《あき》	巻雲《けんうん》・巻層雲《けんそううん》・巻積雲《けんせきうん》・高積雲《こうせきうん》 毛状雲《もうじょううん》・鉤状雲《かぎじょううん》・もつれ雲《ぐも》・放射状雲《ほうしゃじょううん》 肋骨雲《ろっこつうん》・二重雲《にじゅううん》・波状雲《はじょううん》・蜂《はち》の巣状雲《すじょううん》 半透明雲《はんとうめいうん》・すきま雲《ぐも》
◆日本付近《にほんふきん》にジェット気流《きりゅう》がおりてくる	春《はる》・秋《あき》	巻雲《けんうん》・毛状雲《もうじょううん》・鉤状雲《かぎじょううん》・もつれ雲《ぐも》 放射状雲《ほうしゃじょううん》・肋骨雲《ろっこつうん》・レンズ雲《ぐも》
◆さわやかな秋晴《あきば》れ	秋《あき》	高積雲《こうせきうん》・波状雲《はじょううん》・すきま雲《ぐも》
◆夏《なつ》の高気圧《こうきあつ》におおわれる ◆安定《あんてい》した夏晴《なつば》れ ◆夕立《ゆうだち》のところは少《すく》ない	夏《なつ》	積雲《せきうん》・層積雲《そうせきうん》・塔状雲《とうじょううん》・扁平雲《へんぺいうん》 並雲《なみぐも》・断片雲《だんぺんうん》
◆しめった東風《ひがしかぜ》で雲《くも》が多《おお》い ◆関東《かんとう》だけくもり ◆やませが入《はい》りこむ	夏《なつ》・秋《あき》	層雲《そううん》・ちぎれ雲《ぐも》・霧状雲《きりじょううん》
◆激《はげ》しい夕立《ゆうだち》のおそれ ◆広《ひろ》い範囲《はんい》で夕立《ゆうだち》 ◆落雷《らくらい》や突風《とっぷう》に注意《ちゅうい》	春《はる》・夏《なつ》	積雲《せきうん》・積乱雲《せきらんうん》・並雲《なみぐも》・雄大雲《ゆうだいうん》・無毛雲《むもううん》・多毛雲《たもううん》・乳房雲《にゅうぼううん》 降水雲《こうすいうん》・頭巾雲《ずきんぐも》・ベール雲《ぐも》・ろうと雲《ぐも》・アーチ雲《ぐも》 かなとこ雲《ぐも》
◆上空《じょうくう》に強《つよ》い寒気《かんき》が流《なが》れこむ ◆日本海側《にほんかいがわ》で大雪《おおゆき》 ◆寒冷前線《かんれいぜんせん》が通過《つうか》	冬《ふゆ》	乱層雲《らんそううん》・積雲《せきうん》・乳房雲《にゅうぼううん》・尾流雲《びりゅううん》・降水雲《こうすいうん》 ろうと雲《ぐも》
◆雲《くも》の多《おお》い晴《は》れ ◆くもるけど雨《あめ》の心配《しんぱい》はない	春《はる》・秋《あき》	高積雲《こうせきうん》・高層雲《こうそううん》・層積雲《そうせきうん》・層状雲《そうじょううん》 波状雲《はじょううん》・半透明雲《はんとうめいうん》・不透明雲《ふとうめいうん》・すきま雲《ぐも》
◆台風《たいふう》が通過《つうか》する	夏《なつ》・秋《あき》	乱層雲《らんそううん》・積乱雲《せきらんうん》・乳房雲《にゅうぼううん》・ちぎれ雲《ぐも》・レンズ雲《ぐも》
◆冬晴《ふゆば》れ(太平洋側《たいへいようがわ》) ◆すかっとした青空《あおぞら》	春《はる》・ 秋《あき》・冬《ふゆ》	雲《くも》は出《で》ないことが多《おお》い
◆上空《じょうくう》の風《かぜ》が強《つよ》い ◆晴《は》れるけど風《かぜ》が強《つよ》い	通年《つうねん》	レンズ雲《ぐも》・断片雲《だんぺんうん》
◆高気圧《こうきあつ》の中心《ちゅうしん》がぬける ◆高気圧《こうきあつ》の後《うし》ろ側《がわ》にはいる	通年《つうねん》	巻雲《けんうん》・巻積雲《けんせきうん》・巻層雲《けんそううん》・高積雲《こうせきうん》・毛状雲《もうじょううん》 鉤状雲《かぎじょううん》・房状雲《ふさじょううん》・もつれ雲《ぐも》・放射状雲《ほうしゃじょううん》・肋骨雲《ろっこつうん》・二重雲《にじゅううん》 波状雲《はじょううん》・蜂《はち》の巣状雲《すじょううん》・半透明雲《はんとうめいうん》・不透明雲《ふとうめいうん》・すきま雲《ぐも》

わびちゃん流《りゅう》

くも日《につ》記《き》をつけよう

くも日《につ》記《き》のスススメ

空《そら》にはふたつと同《おな》じ形《かたち》の雲《くも》は出《で》ません。この本《ほん》で紹介《しょうかい》している雲《くも》の名前《なまえ》は、似《に》たような形《かたち》の雲《くも》をまとめてネーミングしているだけです。雲《くも》は全部《ぜんぶ》、個性《こせい》がいっぱい光《ひか》っているし、空《そら》からのメッセージでもあります。

長《なが》い間空《あいだそら》を見続《みつづ》けてきたわたしは、その雲《くも》をぼーっと見《み》て、ただ写真《しゃしん》を撮《と》るだけではもったいないと思《おも》うようになりました。

そこでわたしは、毎日《まいにち》、雲《くも》の記録《きろく》である「くも日《につ》記《き》」をつけています。

雲《くも》の観測《かんそく》には、きちんとした方法《ほうほう》があるのですが、それは上級者《じょうきゅうしゃ》向《む》けです。わたしのつけている「くも日記《につき》」はオリジナルで、とても簡単《かんたん》。夏休《なつやす》みの自由《じゆう》研究《けんきゅう》などに使《つか》えるかもしれません。

また、雲《くも》や空《そら》の新《あたら》しい魅力《みりょく》を発見《はっけん》できると思《おも》いますので、興味《きょうみ》のある方《かた》は参考《さんこう》にしてください。

用意《ようい》するもの

ノート1冊《さつ》・えんぴつ・方位磁針《ほういじしん》・カメラ・新聞《しんぶん》

観察《かんさつ》する時間《じかん》

1日《にち》1回以上《かいいじょう》。決《き》めた時間《じかん》や、めずらしい雲《くも》を見《み》つけたときに記録《きろく》をつけます。

観察《かんさつ》のしかた

1. ノートに、観察《かんさつ》した日時《にちじ》と場所《ばしよ》を書《か》きます。
2. 外《そと》に出《で》て気《き》づいたことや感《かん》じたことがあれば書《か》きます（例《れい》：夕焼《ゆうや》けがきれい、キンモクセイのかおりがする、など）。
3. 方位磁針《ほういじしん》で方角《ほうがく》を確認《かくにん》します。
4. 図《ず》1のような半円《はんえん》を大《おお》きくノートに書《か》きます。北《きた》と南《みなみ》、ふたつ用意《ようい》します。ここが、雲《くも》を記録《きろく》するフィールドです。
5. このフィールドの中《なか》に、出《で》ている雲《くも》をそのままスケッチします。細《こま》かく書《か》くのではなく、大《おお》まかにわかるようにします（図《ず》2）。

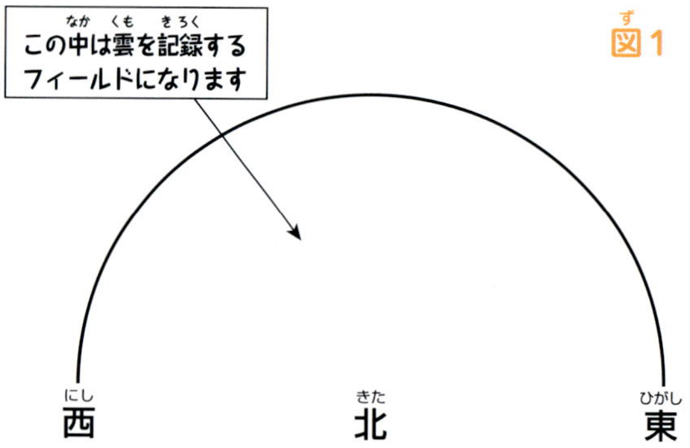

図《ず》1

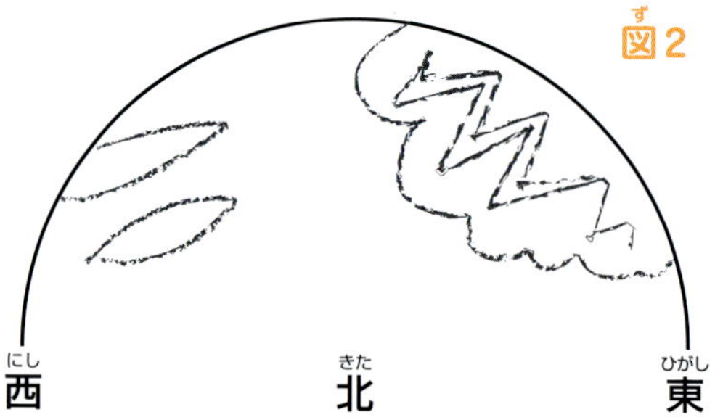

図《ず》2

6. 大《おお》まかなスケッチが終《お》わったら、雲《くも》の種類《しゅるい》や特徴《とくちょう》、気《き》づいたこと、感想《かんそう》などを書《か》きこみます（図《ず》3）。

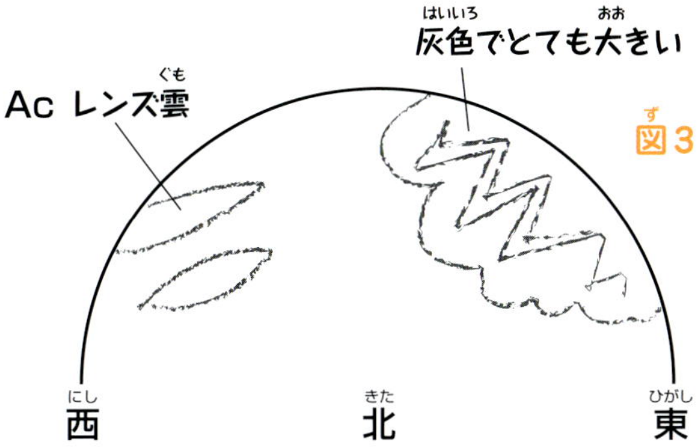
灰色《はいいろ》でとても大《おお》きい
Ac レンズ雲《ぐも》
西《にし》
北《きた》
東《ひがし》
図《ず》3

7. めずらしい雲《くも》などは写真《しゃしん》を撮《と》っておきましょう。また、種類《しゅるい》のわからない雲《くも》も写真《しゃしん》に撮《と》って、時間《じかん》があるときに、図鑑《ずかん》を見《み》ながらゆっくりと判断《はんだん》するのもいいと思《おも》います。

8. 写真《しゃしん》を撮《と》った雲《くも》にはなにかマークをつけておくと、あとでわかりやすくなります（図《ず》4）。

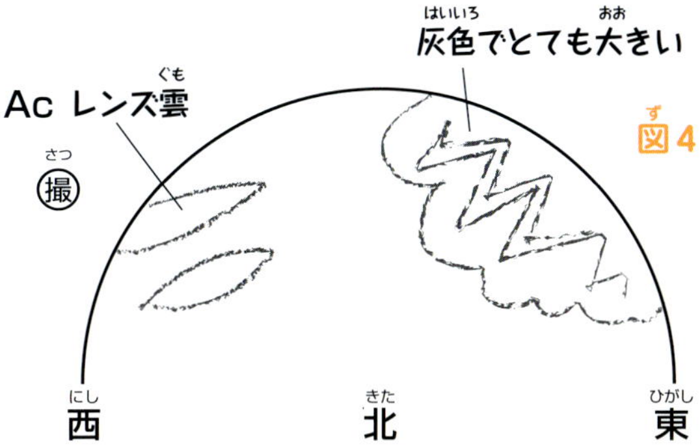
灰色《はいいろ》でとても大《おお》きい
Ac レンズ雲《ぐも》
撮《さつ》
西《にし》
北《きた》
東《ひがし》
図《ず》4

※ あとでノートにその日《ひ》の天気図《てんきず》をはり付《つ》けておくと、見返《みかえ》したときの参考《さんこう》になります。
　天気図《てんきず》は新聞《しんぶん》や気象庁《きしょうちょう》のホームページなどで手《て》に入《い》れることができます。

最初《さいしょ》のうちはわかる雲《くも》の名前《なまえ》だけを記録《きろく》していくのもひとつの手《て》です。くも日記《にっき》をつけていくうちに自然《しぜん》と雲《くも》の名前《なまえ》を覚《おぼ》えていきます。また、スケッチするにあたって、決《き》まった記号《きごう》はありません。日記《にっき》のつけ方《かた》にも、とくに決《き》まりはありませんので、自分《じぶん》のやりやすいつけ方《かた》を研究《けんきゅう》して、オリジナルのくも日記《にっき》を作《つく》ってみてくださいね。

くも日《にっ》記《き》の一《いち》例《れい》

2004年9月22日　15:30　東京都練馬区

大気の状態 不安定。レーダーで埼玉ー茨城が赤くなっている。
茨城県伊奈町で 正午頃 竜巻発生。
アキアカネ類と思われるトンボが埼玉方面から大量飛来。

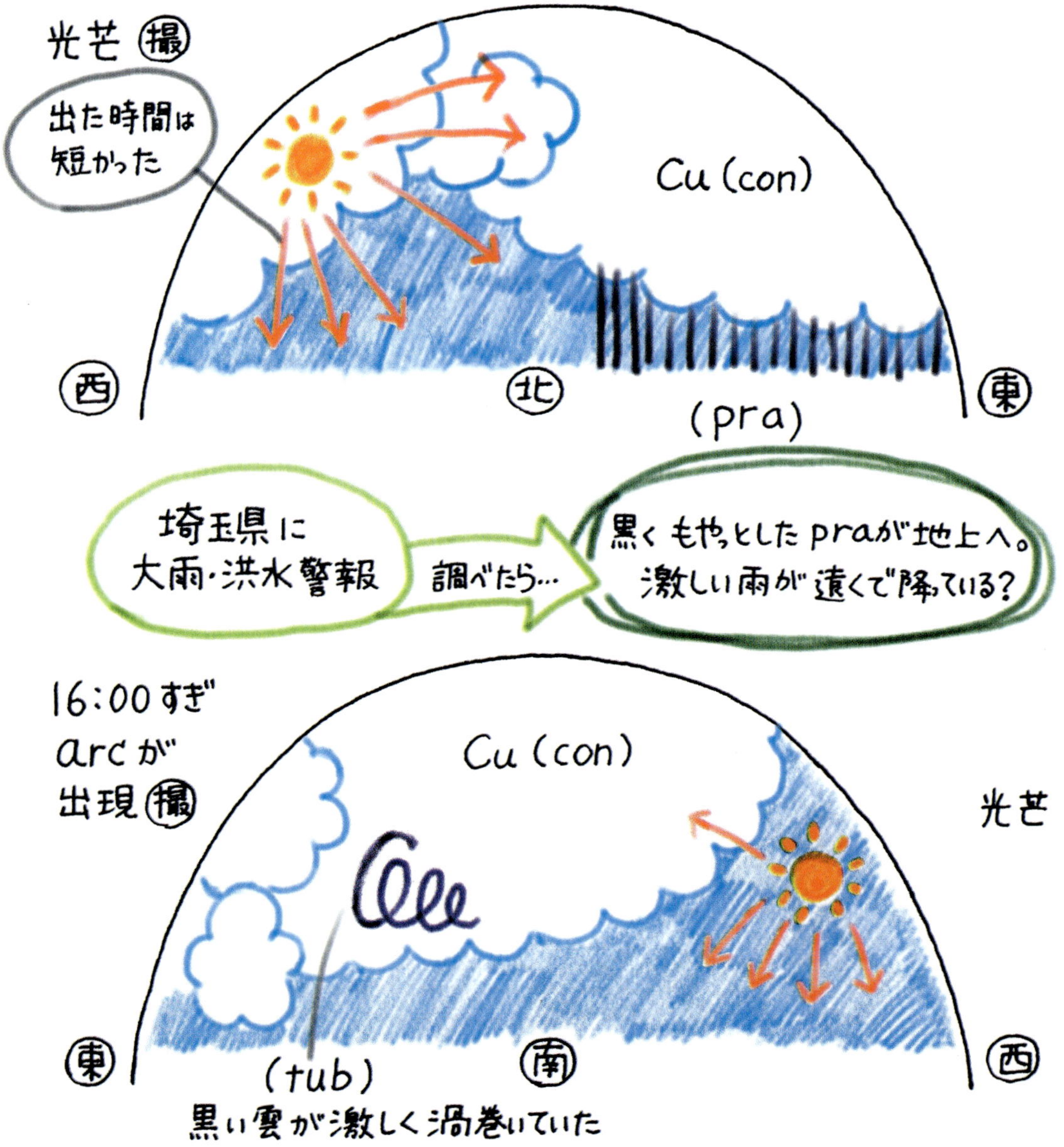

光芒 撮
出た時間は短かった
Cu (con)
西
北
東
(pra)
埼玉県に大雨・洪水警報
調べたら…
黒くもやっとしたpraが地上へ。激しい雨が遠くで降っている?
16:00すぎ arcが出現 撮
Cu (con)
光芒
東
南
西
(tub)
黒い雲が激しく渦巻いていた

第《だい》4章《しょう》

もっと雲《くも》と仲《なか》良《よ》くなろう

牛《ぎゅう》乳《にゅう》で作《つく》る入《にゅう》道《どう》雲《ぐも》

牛乳《ぎゅうにゅう》とろうそくを使《つか》って、入道雲《にゅうどうぐも》のモデル実験《じっけん》をすることができます。
火《ひ》を使《つか》うので、必《かなら》ず大人《おとな》の人《ひと》と実験《じっけん》してね。

用《よう》意《い》するもの

水《みず》・牛乳《ぎゅうにゅう》・スポイトまたはストロー・三脚《さんきゃく》・ビーカー・ろうそく・マッチ

実《じっ》験《けん》のしかた

1. ビーカーに冷《つめ》たい水《みず》をいれ、水《みず》がしずまるまでそのままにしておきます。

2. 冷《つめ》たい牛乳《ぎゅうにゅう》をストローまたはスポイトで、ビーカーの底《そこ》のほうに静《しず》かに注《そそ》ぎこみます（図《ず》1）。そして、底《そこ》に2センチメートルくらいの牛乳《ぎゅうにゅう》の層《そう》を作《つく》ります（図《ず》2）。

図《ず》1

図《ず》2

3. それを下《した》からろうそくの火《ひ》でゆっくり温《あたた》めます（図《ず》3）。

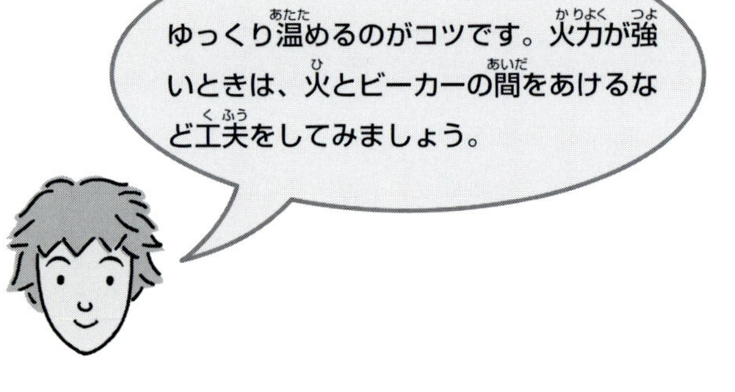
ゆっくり温《あたた》めるのがコツです。火力《かりょく》が強《つよ》いときは、火《ひ》とビーカーの間《あいだ》をあけるなど工夫《くふう》をしてみましょう。

図《ず》3

4. しばらく温《あたた》めると、牛乳《ぎゅうにゅう》が柱《はしら》のように立《た》ち上《あ》がって入道雲《にゅうどうぐも》のようになります。

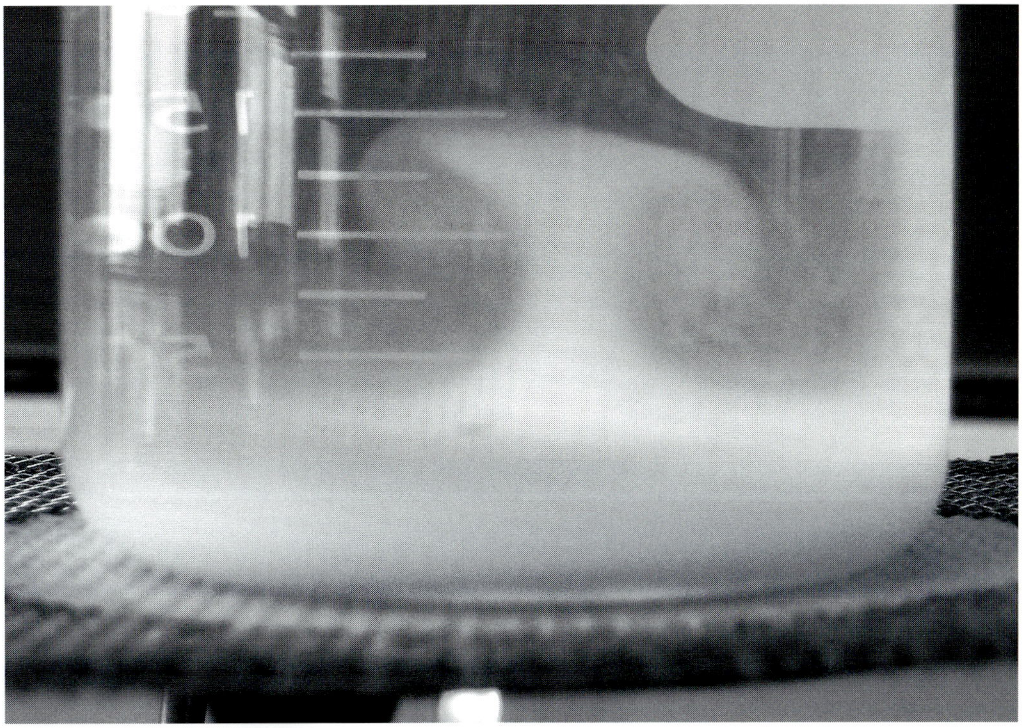

実験協力／千葉県立関宿高等学校理科担当　染谷茂樹先生

牛乳入道雲《ぎゅうにゅうにゅうどうぐも》はわずかな時間《じかん》しか姿《すがた》を見《み》せてくれません。加熱《かねつ》を始《はじ》めたら見《み》のがさないようじっと観察《かんさつ》してください。

また、牛乳《ぎゅうにゅう》や水《みず》の温度《おんど》、ビーカーの大《おお》きさや温《あたた》め方《かた》などの条件《じょうけん》を変《か》えると、できる牛乳入道雲《ぎゅうにゅうにゅうどうぐも》の形《かたち》も変《か》わってきます。いろいろ試《ため》してみてくださいね。

実験《じっけん》からわかること

日中《にっちゅう》、太陽《たいよう》の光《ひかり》が当《あ》たってまず地面付近《じめんふきん》が暖《あたた》められます。すると、地面付近《じめんふきん》は暖《あたた》かく、上空《じょうくう》は冷《つめ》たい状態《じょうたい》になります。一般《いっぱん》に、暖《あたた》かい空気《くうき》は軽《かる》く、冷《つめ》たい空気《くうき》は重《おも》たくなります。暖《あたた》められた地面付近《じめんふきん》の空《くう》気《き》は軽《かる》くなるため、ふわふわと上空《じょうくう》にのぼっていきます。水《みず》と空気《くうき》の暖《あたた》まり方《かた》は同《おな》じです。

この実験《じっけん》では、ビーカーの底《そこ》が温《あたた》められると、底《そこ》の付近《ふきん》の牛乳《ぎゅうにゅう》が温《あたた》められ軽《かる》くなります。

軽《かる》くなった牛乳《ぎゅうにゅう》は、ふわふわと上《うえ》にのぼっていくため、牛乳《ぎゅうにゅう》の入道雲《にゅうどうぐも》ができあがります。

雲《くも》を出《だ》したり消《け》したり……

実際《じっさい》に雲《くも》のできるメカニズムを使《つか》って、雲《くも》を出《だ》したり消《け》したりする実験《じっけん》です。
空気《くうき》の内部《ないぶ》エネルギーを自分《じぶん》の目《め》で見《み》てみましょう。

用意《ようい》するもの

ぬるま湯《ゆ》・丸底《まるぞこ》フラスコ・ゴム栓《せん》・チューブ・大型《おおがた》ピストン・線香《せんこう》

実験《じっけん》のしかた

1. 丸底《まるぞこ》フラスコに40℃くらいのぬるま湯《ゆ》を約《やく》100cc入《い》れて、穴《あな》のあいたゴム栓《せん》でふたをします。そのゴム栓《せん》の穴《あな》にガラス管《かん》をつけ、大型《おおがた》ピストンにつなぎます。

　これで実験装置《じっけんそうち》は完成《かんせい》です。大型《おおがた》ピストンは、最《さい》初《しょ》は引《ひ》いた状態《じょうたい》にしておくといいでしょう。

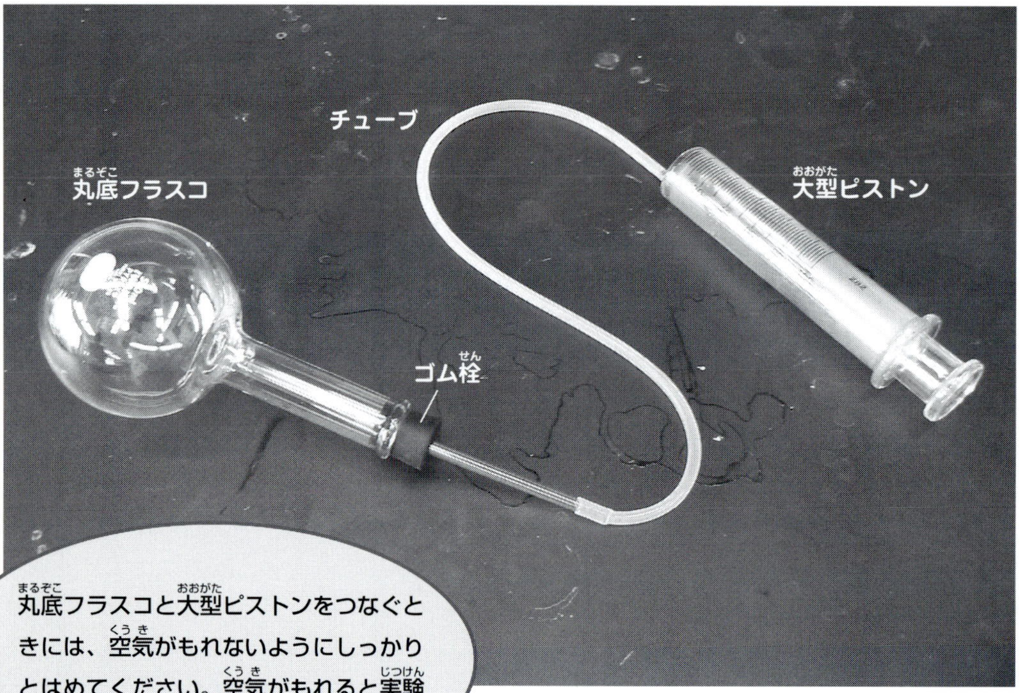
チューブ
丸底《まるぞこ》フラスコ
大型《おおがた》ピストン
ゴム栓《せん》

丸底《まるぞこ》フラスコと大型《おおがた》ピストンをつなぐときには、空気《くうき》がもれないようにしっかりとはめてください。空気《くうき》がもれると実験《じっけん》はうまくいきません。

2. いったんゴム栓《せん》をはずし、中《なか》に線香《せんこう》のけむりを充満《じゅうまん》させます。ふたたびゴム栓《せん》をして、丸底《まるぞこ》フラスコを少《すこ》しふります。

すると、線香《せんこう》のけむりをかくとして、ぬるま湯《ゆ》から蒸発《じょうはつ》した水蒸気《すいじょうき》が凝結《ぎょうけつ》し、小《ちい》さな水《みず》の粒《つぶ》がたくさんできてフラスコの中《なか》が白《しろ》くくもります。お手製《てせい》の「雲《くも》」の完成《かんせい》です。

3. ここで、装置《そうち》を作《つく》るときに引《ひ》いておいたピストンを思《おも》い切《き》りおしこみます。すると、ピストン内《ない》の空気《くうき》がフラスコの中《なか》におしこまれ、フラスコの中《なか》は空気《くうき》がおしくらまんじゅうをして、エネルギーが増《ふ》えるので温度《おんど》が上《あ》がります。温度《おんど》が上《あ》がると雲粒子《うんりゅうし》は蒸発《じょうはつ》して、フラスコの中《なか》の雲《くも》は消《き》えます。

4. 今度《こんど》はピストンを引《ひ》きます。すると、フラスコの中《なか》の空気《くうき》の量《りょう》が減《へ》ります。しかし、フラスコの形《かたち》は変《か》わらないので、空気自体《くうきじたい》がふくらんで、真空《しんくう》の部分《ぶぶん》ができないようにうまく調節《ちょうせつ》されます。

空気《くうき》がふくらむときに、**3**で増《ふ》えたエネルギーを使《つか》ってしまうので、温度《おんど》は下《さ》がり、蒸発《じょうはつ》していた水蒸気《すいじょうき》がふたたび凝結《ぎょうけつ》して雲《くも》ができます。

5. 以下《いか》、ピストンをおしたり引《ひ》いたりすると、それにあわせて雲《くも》ができたり消《き》えたりします。

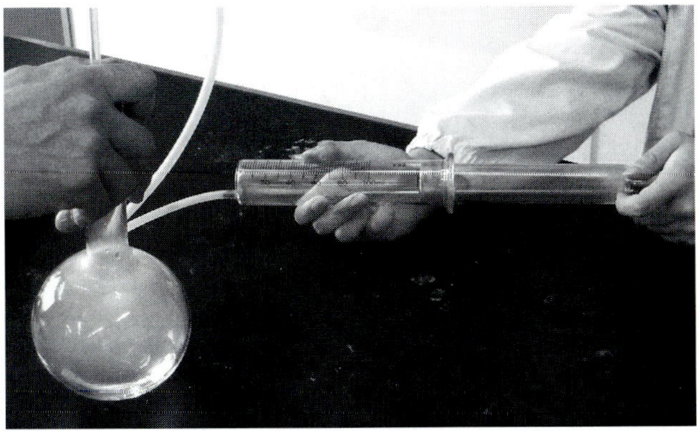

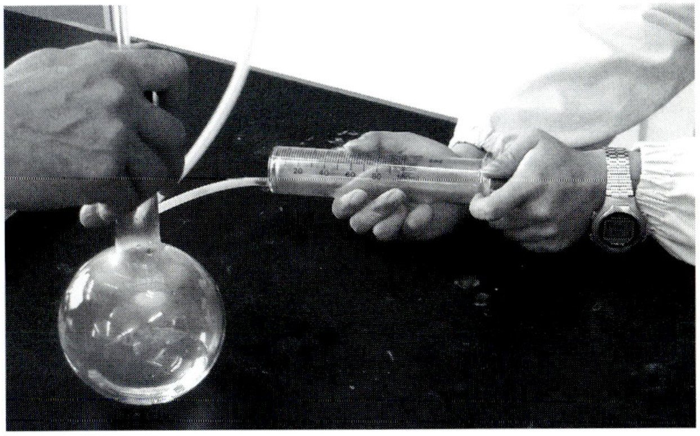

実験協力／千葉県立関宿高等学校理科担当　染谷茂樹先生

雲《くも》が降《ふ》らす雨《あめ》の不思議《ふしぎ》

雨《あま》粒《つぶ》の形《かたち》

みなさんは空《そら》から降《ふ》ってくる雨粒《あまつぶ》は、どのような形《かたち》をしているか知《し》っていますか？　イラストの世界《せかい》では雨粒《あまつぶ》を「しずく」のような形《かたち》で描《か》くことが多《おお》いですよね。

ところが、雨粒《あまつぶ》は、「しずく」のような形《かたち》ではないのです。本来《ほんらい》、水滴《すいてき》は球形《きゅうけい》なので、霧雨程度《きりさめていど》の雨《あめ》なら、そのまま球形《きゅうけい》で落《お》ちてきます。しかし、かさが必要《ひつよう》なくらいの雨《あめ》になると、落《お》ちてくるときに、空気《くうき》の抵抗《ていこう》を受《う》けて、下半分《したはんぶん》がつぶされます。そのため、おまんじゅうのような形《かたち》になるのが普通《ふつう》です。

でも、だからと言《い》って、雨粒《あまつぶ》をおまんじゅうの形《かたち》で描《か》くと、ちょっと違和感《いわかん》があるので、イラストを描《か》くときは、「しずく」の形《かたち》でいいかな……と思《おも》っています。

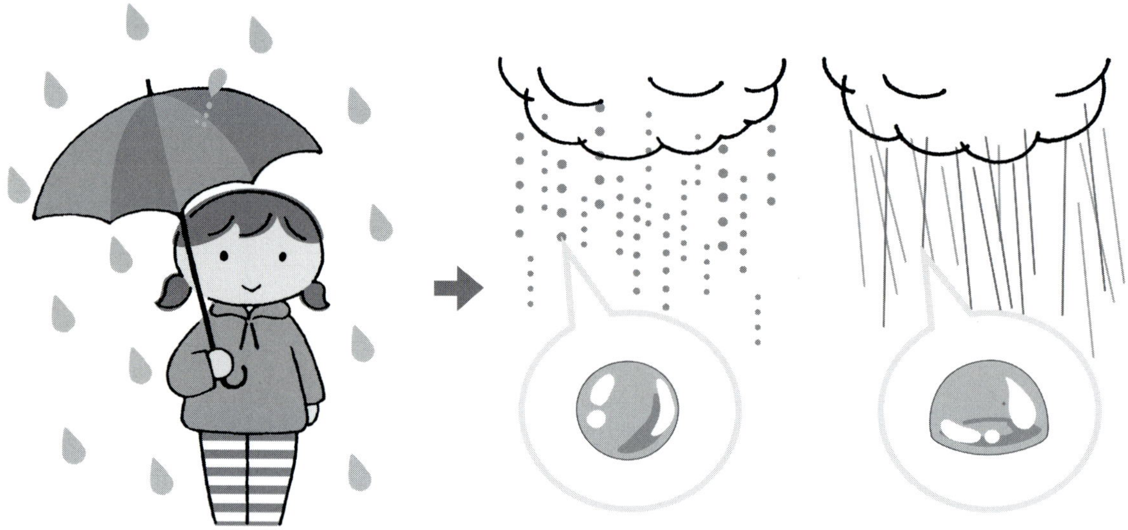

雨《あめ》の絵《え》は「しずく形《がた》」だけど……　霧雨《きりさめ》はまんまる　大粒《おおつぶ》の雨《あめ》はおまんじゅう形《がた》

雨《あま》粒《つぶ》のpH《ピーエイチ》

「酸性雨《さんせいう》の測定《そくてい》で、雨《あめ》のpH※を測《はか》ったら……pH 5.5でした」

これを聞《き》いて「あ、酸性雨《さんせいう》が降《ふ》っている」と思《おも》ったら、まちがいです。

空気中《くうきちゅう》には微量《びりょう》ですが、二酸化炭素《にさんかたんそ》があります。二酸化炭素《にさんかたんそ》は水《みず》にとける性質《せいしつ》があるため、雨《あめ》が落《お》ちてくるとき、空気中《くうきちゅう》の二酸化炭素《にさんかたんそ》がとけこんで、炭酸水《たんさんすい》となって降《ふ》ってきます。もともと雨《あめ》のpHは5.5くらいの弱酸性《じゃくさんせい》なのです。

※**pH**　水素《すいそ》イオン濃度《のうど》。液体《えきたい》が酸性《さんせい》かアルカリ性《せい》かを数字《すうじ》で表《あらわ》したもの。0～14まであり、7が中性《ちゅうせい》、それより小《ちい》さくなると酸性《さんせい》で、大《おお》きくなるとアルカリ性《せい》です。

きつねの嫁《よめ》入《い》り

空《そら》を見《み》ると雲《くも》がないのに、ぽつぽつと雨《あめ》が降《ふ》ることがあります。いわゆるお天気雨《てんきあめ》です。

このお天気雨《てんきあめ》のことを「きつねの嫁入《よめい》り」と言《い》います。晴《は》れているのに雨《あめ》が降《ふ》ってくるので、「きつねにだまされたような気分《きぶん》」になることから、そう呼《よ》ばれるようになったようです。

また、お天気雨《てんきあめ》のことを「天泣《てんきゅう》」とも言《い》います。昔《むかし》の人《ひと》は、雲《くも》がないのに雨《あめ》が降《ふ》ってくる様子《ようす》を「天《てん》が泣《な》いた」と思《おも》ったようです。

この「きつねの嫁入《よめい》り」のおもな原因《げんいん》はふたつあります。

1　遠《とお》くで降《ふ》っている雨《あめ》が風《かぜ》で流《なが》されてきた

2　降《ふ》ってきた雨《あめ》が地上《ちじょう》に届《とど》く前《まえ》に雲《くも》が移動《いどう》してしまった

温《おん》帯《たい》低《てい》気《き》圧《あつ》の雲《くも》モデル

日本付近《にほんふきん》で、春《はる》や秋《あき》に雨《あめ》が多《おお》く降《ふ》る原因《げんいん》のひとつに温帯低気圧《おんたいていきあつ》があります。
温帯低気圧《おんたいていきあつ》の雲《くも》はライフステージにあわせて変化《へんか》していきます。
雲《くも》の形《かたち》の変化《へんか》は、そのときの状況《じょうきょう》によっていろいろですが、ここでは、その代表的《だいひょうてき》なパターンを紹介《しょうかい》します。

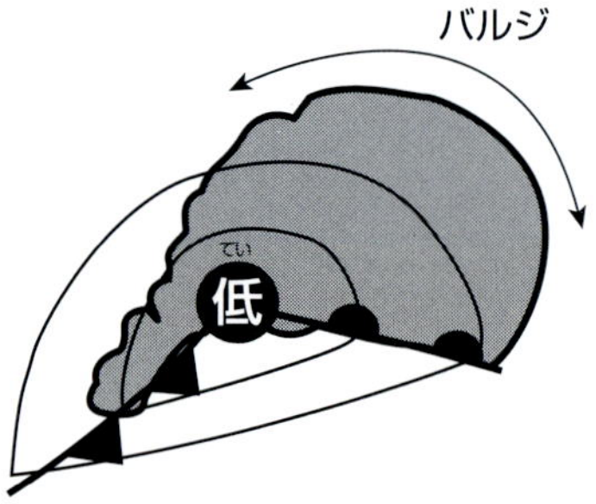

1. 発《はつ》生《せい》期《き》

大陸《たいりく》から前線《ぜんせん》がのびてきて、その上《うえ》に小《ちい》さな低気圧《ていきあつ》が発生《はつせい》します。この段階《だんかい》の雲《くも》は、低気圧《ていきあつ》の周辺《しゅうへん》にまとまっています。

2. 発《はつ》達《たつ》期《き》

低気圧《ていきあつ》は少《すこ》しずつ発達《はったつ》しながら日本付近《にほんふきん》にやってきます。低気圧《ていきあつ》の雲《くも》が北《きた》に盛《も》り上《あ》がる状態《じょうたい》をバルジと言《い》います。このバルジが大《おお》きくなればなるほど低気圧《ていきあつ》は発達《はったつ》します。バルジの盛《も》り上《あ》がり具合《ぐあい》で、ある程度低気圧《ていどていきあつ》の発達《はったつ》を予測《よそく》することができます。

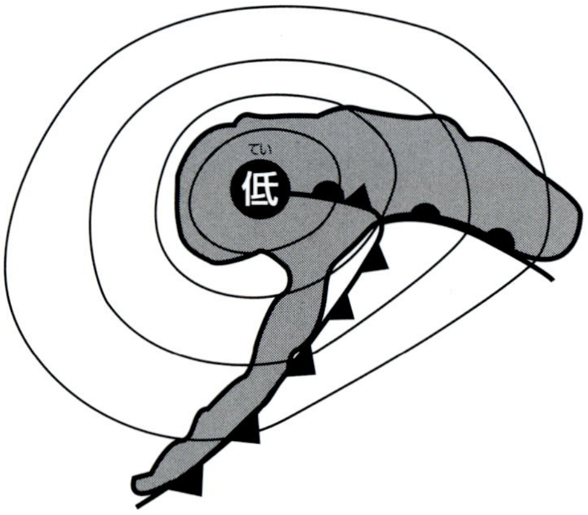

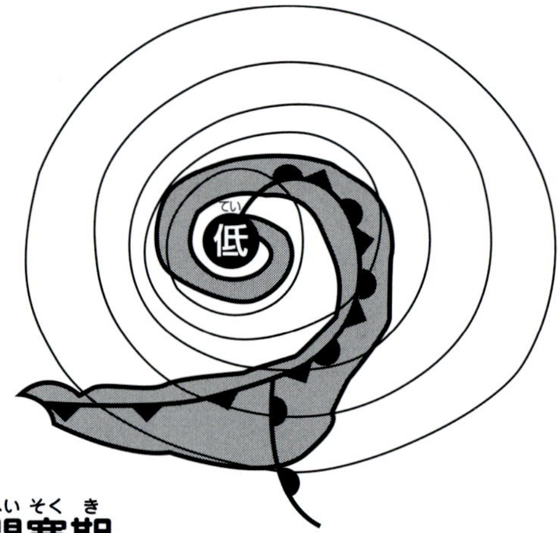

3. 最《さい》盛《せい》期《き》

低気圧《ていきあつ》が一番元気《いちばんげんき》なときです。このときの低気圧《ていきあつ》を気象衛星《きしょうえいせい》で見《み》ると、閉塞前線《へいそくぜんせん》を形成《けいせい》しはじめて、アルファベットのTのような形《かたち》になっています。

4. 閉《へい》塞《そく》期《き》

低気圧《ていきあつ》の最期《さいご》です。低気圧《ていきあつ》の中心《ちゅうしん》に向《む》かって雲《くも》のない部分《ぶぶん》がうずを巻《ま》くように入《はい》りこむ「ドライスロット」ができます。そのため、雲《くも》の形《かたち》は蚊取《かと》り線香《せんこう》のようになります。

前線付近《ぜんせんふきん》の雲《くも》

　前線《ぜんせん》とは、性質《せいしつ》のちがうふたつの空気《くうき》がぶつかったところです。

　空気《くうき》は、暖《あたた》かい空気《くうき》（暖気《だんき》）ほど軽《かる》く、冷《つめ》たい空気《くうき》（寒気《かんき》）ほど重《おも》たくなります。そのため、暖《あたた》かいところに寒気《かんき》が流《なが》れこんできた場合《ばあい》、重《おも》い寒気《かんき》が下《した》にもぐりこむように進入《しんにゅう》していきます。暖気《だんき》は、それにはじき飛《と》ばされるように急上昇《きゅうじょうしょう》して、鉛直方向《えんちょくほうこう》にのびる積乱雲《せきらんうん》を作《つく》ります。これが寒冷前線《かんれいぜんせん》で、積《せき》乱雲《らんうん》ができるため、雷《かみなり》や突風《とっぷう》など激《はげ》しい現象《げんしょう》をともなうことがよくあります。

　ちなみに、寒冷前線《かんれいぜんせん》で雷《かみなり》が鳴《な》ると、「上空《じょうくう》に寒気《かんき》があるため積乱雲《せきらんうん》が発達《はったつ》する」という説明《せつめい》を時々耳《ときどきみみ》にしますが、そうではなく、流《なが》れこんできた寒気《かんき》によって、暖気《だんき》がはじかれたために、急激《きゅうげき》な上昇気流《じょうしょうきりゅう》ができて積乱雲《せきらんうん》が発生《はっせい》するのです。

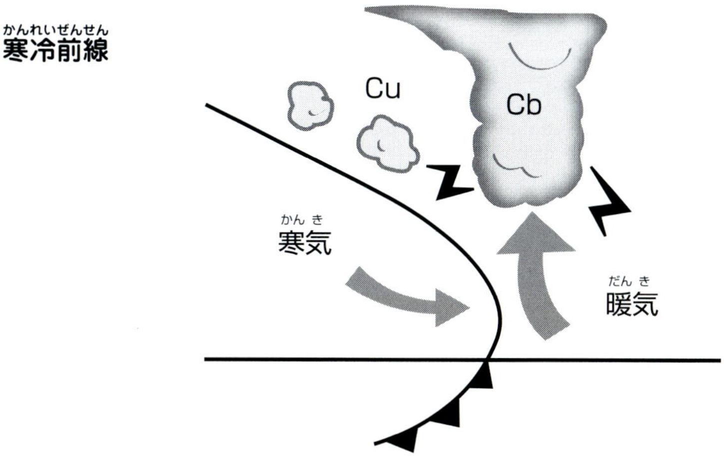
寒冷前線《かんれいぜんせん》
Cu
Cb
寒気《かんき》
暖気《だんき》

　南《みなみ》から暖気《だんき》が次々《つぎつぎ》と流《なが》れこんでくることがあります。暖気《だんき》は軽《かる》いので、もともとあった冷《つめ》たい空気《くうき》の上《うえ》をすべるようにのぼっていきます。これを「滑昇《かつしょう》」といい、べたっとしたタイプの雲《くも》ができます。これを温暖前線《おんだんぜんせん》と言《い》います。ゆるやかな上昇気流《じょうしょうきりゅう》のため、寒冷前線《かんれいぜんせん》ほど激《はげ》しい現象《げんしょう》は起《お》こりにくいのですが、暖気《だんき》がたくさん水蒸気《すいじょうき》をふくんでいると大雨《おおあめ》になることがあります。

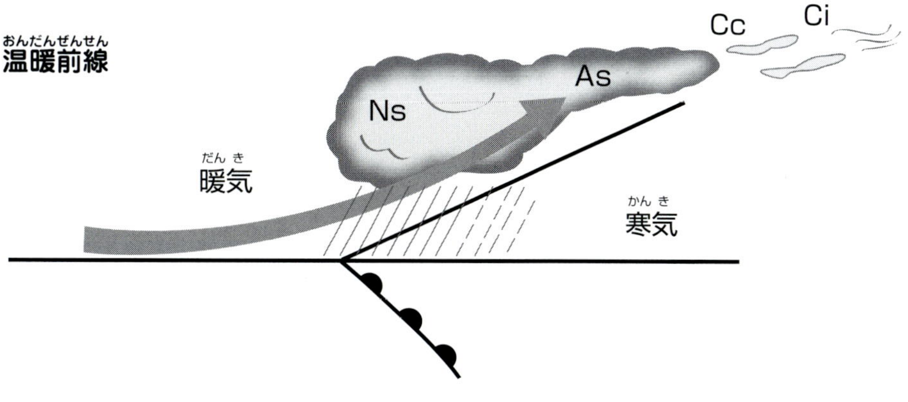
温暖前線《おんだんぜんせん》
Cc
Ci
As
Ns
暖気《だんき》
寒気《かんき》

人《ひと》が関《かか》わる雲《くも》

飛行機雲《ひこうきぐも》

飛行機《ひこうき》が通《とお》った後《あと》に白《しろ》い雲《くも》の筋《すじ》ができることがありますね。これが飛行機雲《ひこうきぐも》で、人間《にんげん》が作《つく》り出《だ》すことのできる雲《くも》のひとつです。

飛行機雲《ひこうきぐも》はいつでもできるわけではなく、上空《じょうくう》が－30℃以下《いか》であるか、湿度《しつど》が100％に近《ちか》い状態《じょうたい》であることが必要《ひつよう》です。飛行機《ひこうき》のエンジンから出《で》る水蒸気《すいじょうき》が、上空《じょうくう》－30℃以下《いか》の空気《くうき》に冷《ひ》やされて、雲《くも》となります。これだけなら、すぐに消《き》えてしまいますが、湿度《しつど》が100％に近《ちか》いしめった空気《くうき》であると、エンジンからの雲粒《うんりゅう》のほかに、空気中《くうきちゅう》の水蒸気《すいじょうき》が飛行機《ひこうき》のつばさでかく乱《らん》されて雲粒《うんりゅう》がたくさんできます。つまり、空気《くうき》がしめっていると、雲粒《うんりゅう》がたくさんできて、なかなか消《き》えない飛行機雲《ひこうきぐも》ができます。

天気《てんき》が悪《わる》くなるときに、空気《くうき》がしめっていることが多《おお》いので、「飛行機雲《ひこうきぐも》がなかなか消《き》えないと雨《あめ》」ということわざもあります。

また、飛行機《ひこうき》が雲《くも》の中《なか》を通過《つうか》すると、飛行機《ひこうき》が通《とお》った道筋《みちすじ》どおりに雲《くも》が消《き》えてしまうことがあり、それを消滅飛行機雲《しょうめつひこうきぐも》または反対飛行機雲《はんたいひこうきぐも》と言《い》います。

飛行機雲《ひこうきぐも》

消滅飛行機雲《しょうめつひこうきぐも》

人工降雨《じんこうこうう》

人工降雨《じんこうこうう》は文字《もじ》どおり、人工的《じんこうてき》に雨《あめ》を降《ふ》らせることです。人間《にんげん》が天気《てんき》をあやつって、無理《むり》やり雨《あめ》を降《ふ》らせる技術《ぎじゅつ》を言《い》います。人工降雨《じんこうこうう》は、雲《くも》に刺激《しげき》をあたえて、雲《くも》の持《も》っている「雨《あめ》を降《ふ》らせる力《ちから》」を高《たか》めることにより、雨《あめ》を降《ふ》らせています。

おもに、雨《あめ》のもととなる種《たね》を雲《くも》にばらまく「シーディング法《ほう》」と呼《よ》ばれる方法《ほうほう》が使《つか》われています。水蒸気《すいじょうき》を凝結《ぎょうけつ》させるかくとなる物質《ぶっしつ》をばらまくことで、雲粒《うんりゅう》を増加《ぞうか》させ、雨《あめ》が降《ふ》りやすいようにする方法《ほうほう》です。

この魔法《まほう》のような「雨《あめ》の種《たね》」には、ドライアイスやヨウ化銀《かぎん》が使《つか》われています。

中国《ちゅうごく》では、夏《なつ》にしばしば人工降雨《じんこうこうう》を行《おこな》っており、水不足解消《みずぶそくかいしょう》を図《はか》っています。

人間《にんげん》が天気《てんき》をあやつる方法《ほうほう》は昔《むかし》から夢物語《ゆめものがたり》として言《い》われてきました。晴《は》れてほしいときに雲《くも》を消《け》し、水不足《みずぶそく》のときに雨《あめ》を降《ふ》らせる。とても夢《ゆめ》のある話《はなし》ですが、地球《ちきゅう》は、天気《てんき》をふくめてうまくバランスを取《と》っています。人間《にんげん》の都合《つごう》で天気《てんき》をころころ変《か》えてしまうと、地球全体《ちきゅうぜんたい》のバランスがくずれ、取《と》り返《かえ》しのつかない異常気象《いじょうきしょう》を引《ひ》き起《お》こしてしまう可能性《かのうせい》もあります。また、大型台風《おおがたたいふう》を発生《はっせい》させて、国《くに》をほろぼしてしまうなど、天気《てんき》が戦争《せんそう》の兵器《へいき》として使《つか》われてしまう可能性《かのうせい》もあります。

そのため、天気《てんき》をあやつるのは夢物語《ゆめものがたり》のままでいいと思《おも》います。実際《じっさい》に天気《てんき》そのものをコントロールする技術《ぎじゅつ》はありませんが、水不足《みずぶそく》を解消《かいしょう》するために降《ふ》らせる雨《あめ》を最小限《さいしょうげん》にコントロールする程度《ていど》であれば、人工降雨《じんこうこうう》で可能《かのう》です。

うまく天気《てんき》とつきあって、自然《しぜん》と人間《にんげん》が共存《きょうそん》できる世界《せかい》を作《つく》っていきたいですね。

雨《あめ》の種《たね》 ヨウ化銀《かぎん》
ドライアイス
種《たね》をかくにして雲粒《うんりゅう》
がたくさんできます。
たくさんの雲粒《うんりゅう》が
ぶつかりながら、
大《おお》きくなって雨粒《あまつぶ》
になります。

雲《くも》にまつわることわざいろいろ

　昔《むかし》の人《ひと》は、空《そら》を見《み》上《あ》げて、雲《くも》の様子《ようす》などから明日《あす》の天気《てんき》を予想《よそう》していました。これを、「天《てん》」を「観《み》」て、「気《き》」を「望《のぞ》」む……と書《か》いて「観天望気《かんてんぼうき》」と言《い》います。観天望気《かんてんぼうき》をするときには、「公式《こうしき》」のようなものがあって、ことわざ形式《けいしき》で語《かた》りつがれています。

　中《なか》には、きちんとした科学的《かがくてき》な裏《うら》づけのないものもありますが、いろいろ調《しら》べてみると、天気《てんき》がもっと身近《みぢか》なものになると思《おも》います。

　観天望気《かんてんぼうき》の中《なか》から、雲《くも》に関係《かんけい》のあるものを取《と》り上《あ》げてみたいと思《おも》います。

巻雲《けんうん》に関《かん》することわざ

すじ雲《ぐも》が出《で》たら雨具《あまぐ》の持参《じさん》（神奈川県《かながわけん》・静岡県《しずおかけん》）

白《しろ》いすじ雲《ぐも》が空《そら》に出《で》るとあらしになる（沖縄県《おきなわけん》）

巻積雲《けんせきうん》に関《かん》することわざ

うろこ雲《ぐも》は大風《おおかぜ》（岩手県《いわてけん》）

うろこ雲《ぐも》は時化《しけ》※1 続《つづ》く（神奈川県《かながわけん》）

うろこ雲《ぐも》は雨《あめ》になる（沖縄県《おきなわけん》）

サバ雲《ぐも》が出《で》ると鯖《さば》がとれる（岩手県《いわてけん》）

いわし雲《ぐも》が出《で》るといわしが大漁《たいりょう》（鳥取県《とっとりけん》）

巻層雲《けんそううん》に関《かん》することわざ

お月《つき》さんがかさをさしていると
三日《みっか》のうちに雨《あめ》が降《ふ》る（香川県《かがわけん》）

太陽《たいよう》のまわりに輪《わ》がかかれば
三日《みっか》ともたない（青森県《あおもりけん》）

月《つき》に雨傘《あまがさ》、日《ひ》に日傘《ひがさ》（香川県《かがわけん》）

高積雲《こうせきうん》に関《かん》することわざ

波状雲《はじょううん》が出《で》ると雨《あめ》が降《ふ》る（全国《ぜんこく》）

高積雲《こうせきうん》に穴《あな》が開《あ》くと雨《あめ》（全国《ぜんこく》）

積雲《せきうん》・積乱雲《せきらんうん》に関《かん》することわざ

海《うみ》の入道雲《にゅうどうぐも》は夕立《ゆうだち》がある（石川県《いしかわけん》）

夏《なつ》・秋《あき》に西《にし》の沖《おき》に入道雲《にゅうどうぐも》ができたとき
１週間《しゅうかん》以内《いない》に必《かなら》ず台風《たいふう》が来《く》る（静岡県《しずおかけん》）

西《にし》の雲《くも》が立《た》つと夕立《ゆうだち》が早《はや》い※2、
南《みなみ》の方《ほう》なら時間《じかん》がかかる（埼玉県《さいたまけん》）

飛行機雲《ひこうきぐも》に関《かん》することわざ

飛行機雲《ひこうきぐも》が5分《ふん》消《き》えないと雨《あめ》（熊本県《くまもとけん》）

飛行機雲《ひこうきぐも》が見《み》えたら明日《あす》は雨《あめ》になる（鳥取県《とっとりけん》）

飛行機雲《ひこうきぐも》が20数《かぞ》えるうちに見《み》えていたら
翌日天気《よくじつてんき》がくずれる。
30以上《いじょう》だと雨《あめ》の可能性《かのうせい》が高《たか》い（埼玉県《さいたまけん》）

夕焼《ゆうや》け雲《ぐも》・朝焼《あさや》け雲《ぐも》に関《かん》することわざ

朝《あさ》、雲《くも》が紅色《べにいろ》なれば雨《あめ》（山口県《やまぐちけん》）

朝焼《あさや》け、雲《くも》のないときは東風《こち》強《つよ》し。
雲《くも》の多《おお》いときはその日《ひ》の雨《あめ》（静岡県《しずおかけん》）

夕焼《ゆうや》けの黒《くろ》ずんだのは雨《あめ》の兆《きざ》し（栃木県《とちぎけん》）

夕焼《ゆうや》け雲《ぐも》が白《しろ》く消《き》えると翌日《よくじつ》は晴《は》れ
（神奈川県《かながわけん》）

雲《くも》の動《うご》きに関《かん》することわざ

雲《くも》のケンカ[※3]は雨《あめ》のもと（埼玉県《さいたまけん》）

上層《じょうそう》の雲《くも》と下層《かそう》の雲《くも》が相反《あいはん》して
飛《と》ぶときは暴風雨《ぼうふうう》（神奈川県《かながわけん》）

上層《じょうそう》の雲《くも》と下層《かそう》の雲《くも》、
移動方向《いどうほうこう》がまちまちなら晴《は》れ（地域不明《ちいきふめい》）

霧《きり》に関《かん》することわざ

山間《さんかん》に霧《きり》が入《はい》っていくと雨《あめ》、
逆《ぎゃく》に出《で》てくると晴《は》れ（東京都《とうきょうと》）

霧《きり》が山《やま》に流《なが》れると晴《は》れ、
海《うみ》に流《なが》れると雨《あめ》（新潟県《にいがたけん》）

※1　時化《しけ》……波《なみ》が高《たか》く海《うみ》があれた状態《じょうたい》。
※2　夕立《ゆうだち》が早《はや》い……雲《くも》が出《で》てから夕立《ゆうだち》になるのが早《はや》い。
※3　雲《くも》のケンカ……ふたつの雲《くも》が反対方向《はんたいほうこう》に動《うご》くこと。二重雲《にじゅううん》でよく見《み》られます。

Index

索引《さくいん》

雲《くも》の名《な》前《まえ》から調《しら》べてみよう

あ
アーチ雲　アーチぐも　51、60、61
朝顔雲　あさがおぐも　53
雨雲　あまぐも　25、27
雨巻雲　あめけんうん　20
い
いわし雲　いわしぐも　21、76
う
うす雲　うすぐも　22
うね雲　うねぐも　26
うろこ雲　うろこぐも　21、76
え
えりまき雲　えりまきぐも　50
お
おぼろ雲　おぼろぐも　24
か
鉤状雲　かぎじょううん　20、30、39、60、61
かさばり雲　かさばりぐも　33
かなとこ雲　かなとこぐも　38、53、60、61
かみなり雲　かみなりぐも　28
き
霧状雲　きりじょううん　35、60、61
く
くもり雲　くもりぐも　33
黒猪　くろっちょ　49
け
慶雲　けいうん　54
巻雲　けんうん　8、14、20、21、30、31、39、40、53、60、61、76
巻積雲　けんせきうん　21、23、30、33、34、43、44、60、61、76
巻層雲　けんそううん　22、30、33、35、55、56、61、76
こ
降水雲　こうすいうん　48、52、60、61
高積雲　こうせきうん　8、14、23、30、33、34、43、46、54、55、60、61、76
高層雲　こうそううん　9、24、29、33、46、49、55、60、61
こごり雲　こごりぐも　49
混合雲　こんごううん　8
さ
彩雲　さいうん　34、54、55
サバ雲　サバぐも　43、76
さや雲　さやぐも　34
し
ジェット巻雲　ジェットけんうん　40
消滅飛行機雲　しょうめつひこうきぐも　74
す
すきま雲　すきまぐも　46、60、61
頭巾雲　ずきんぐも　50
すじ雲　すじぐも　20、30、31、39、76
座り雲　すわりぐも　25
せ
積雲　せきうん　8、9、25、32、36、37、49、50、54、60、61、76
積乱雲　せきらんうん　9、25、28、31、37、38、48、49、50、51、52、53、61、73、76
そ
層雲　そううん　29、36、60、61
層状雲　そうじょううん　33、60、61
層積雲　そうせきうん　20、26、33、34、46、60、61
た
立ち雲　たちぐも　25
多毛雲　たもううん　38、61
断片雲　だんぺんうん　36、49、61
ち
ちぎれ雲　ちぎれぐも　24、25、27、36、49、60、61
蝶々雲　ちょうちょうぐも　36
と
塔状雲　とうじょううん　32、61
塔状積雲　とうじょうせきうん　32
な
並雲　なみぐも　37、61
に
二重雲　にじゅううん　42、60、61、77
入道雲　にゅうどうぐも　37、66、67、76
乳房雲　にゅうぼううん　47、52、60、61
の
濃密雲　のうみつうん　31、60
は
波状雲　はじょううん　43、60、61、76
蜂の巣状雲　はちのすじょううん　44、60、61
羽根雲　はねぐも　20、41
晴れ巻雲　はれけんうん　20
反対飛行機雲　はんたいひこうきぐも　74
半透明雲　はんとうめいうん　24、45、55、60、61
ひ
飛行機雲　ひこうきぐも　74、77
ひつじ雲　ひつじぐも　23
氷晶雲　ひょうしょううん　8
尾流雲　びりゅううん　48、60、61
ふ
房状雲　ふさじょううん　30、60、61
不透明雲　ふとうめいうん　45、60、61
へ
ベール雲　ベールぐも　50、60、61
扁平雲　へんぺいうん　37、61
片乱雲　へんらんうん　49
ほ
放射状雲　ほうしゃじょううん　40、60、61
み
水雲　みずぐも　8
水まさ雲　みずまさぐも　22
む
無毛雲　むもううん　38、61

も
毛状雲　もうじょううん　30、39、60、61
もつれ雲　もつれぐも　39、60、61
や
山かつら　やまかつら　29
ゆ
雄大雲　ゆうだいうん　37、38、60、61
雄大積雲　ゆうだいせきうん　25、37
雪雲　ゆきぐも　27
ら
乱層雲　らんそううん　9、27、49、60、61
れ
レンズ雲　レンズぐも　31、34、60、61
ろ
ろうと雲　ろうとぐも　52、60、61
肋骨雲　ろっこつうん　20、39、41、61
わ
わた雲　わたぐも　25、37

事柄《ことがら》から調《しら》べてみよう

あ
雨粒　あまつぶ　48、59、70、75
雨の種　あめのたね　75
あられ　あられ　28
い
いつわりの太陽　いつわりのたいよう　56
う
うすぐもり　うすぐもり　12
雲海　うんかい　26
雲頂　うんちょう　31、32、50、53
雲底　うんてい　24、27、32、37、47、48、49、52
雲片　うんぺん　21、23、33、46
雲粒　うんりゅう　8、74、75
雲粒子　うんりゅうし　9、15
雲量　うんりょう　12
え
遠近効果　えんきんこうか　40
お
オーレオール　オーレオール　55
お天気雨　おてんきあめ　71
おぼろ月夜　おぼろづきよ　24
温帯低気圧　おんたいていきあつ　72
温暖前線　おんだんぜんせん　73
か
快晴　かいせい　12
カサ　カサ　22、39、55、56
可視画像　かしがぞう　11
可視光線　かしこうせん　11
かつぎ　かつぎ　50
滑昇　かっしょう　73
雷　かみなり　28、37、60、73
寒気　かんき　48、61、73
観天望気　かんてんぼうき　76
寒冷前線　かんれいぜんせん　61、73
き
気象衛星　きしょうえいせい　11、72
きつねの嫁入り　きつねのよめいり　71
衣被　きぬかつぎ　50
く
くも日記　くもにっき　47、62、64
雲のケンカ　くものケンカ　77
雲水量　くもみずりょう　9
くもり　くもり　12、58、61
け
月光環　げっこうかん　55
幻日　げんじつ　22、56
幻日環　げんじつかん　56
こ
光化学オキシダント　こうかがくオキシダント　22
光化学スモッグ　こうかがくスモッグ　22
国際雲図帳　こくさいくもずちょう　18、32
国際式天気記号　こくさいしきてんききごう　12
コロナ　コロナ　55
さ
最盛期　さいせいき　72
し
シーディング法　シーディングほう　75
視程内降水　していないこうすい　48
集中豪雨　しゅうちゅうごうう　28
人工降雨　じんこうこうう　75
せ
赤外画像　せきがいがぞう　11
た
暖気　だんき　73
て
天泣　てんきゅう　71
と
突風　とっぷう　28、61、73
ドライアイス　ドライアイス　75
ドライスロット　ドライスロット　72
に
日光環　にっこうかん　54、55
日本式天気記号　にほんしきてんききごう　12
は
発生期　はっせいき　72
発達期　はったつき　72
バルジ　バルジ　72
晴れ　はれ　12、20、43、61、77
ひ
pH　ピーエイチ　70
氷晶　ひょうしょう　8
ふ
フラッシュ　フラッシュ　59
へ
閉塞期　へいそくき　72
ほ
ホワイトバランス　ホワイトバランス　58
よ
ヨウ化銀　ヨウかぎん　75
ろ
露出　ろしゅつ　55、59

著者紹介

岩槻秀明（いわつきひであき）

1982年生まれ。気象予報士。

2000年、高校在学中に気象予報士免許を取得。2005年３月31日まで株式会社気象サービスに所属し、全国各地のケーブルテレビにてお天気キャスター出演。番組内ではおもしろい空や雲の写真も紹介。

現在は、雲の撮影を続けるかたわら、「雲と空の“楽しい”講師」として、雲や空、お天気のふしぎを五感で体験できるような楽しい講演会を各地で行っている。

自身が運営するWebサイト「あおぞら☆めいと」(http://wapichan.sakura.ne.jp/)では、雲や空の写真をコメント付きで紹介しており、空や雲に対する興味や関心が高まるよう活動を行っている。

ホームページ　http://wapichan.sakura.ne.jp/

参考文献

『ヤマケイポケットガイド　雲・空』　田中達也　山と渓谷社

『空の名前』　高橋健司　角川書店

『最新　気象の事典』　東京堂出版

『雲のかたちで天気がわかる』　新田　尚　大日本図書

『天気で読む日本地図―各地に伝わる風・雲・雨の言い伝え』　山田吉彦　PHP研究所

『ことわざから読み解く天気予報』　南　利幸　日本放送出版協会

『カメラ常識のウソ・マコト―デジカメ時代の賢いつきあい方』　千葉憲昭　講談社

参考Webサイト

国土環境株式会社　http://www.metocean.co.jp/index.htm

本文レイアウト・装幀／小野佐智子

本文イラスト／柿沼史子

大自然の贈りもの

雲の大研究

気象の不思議がよくわかる！

2005年3月9日　第１版第１刷発行　　2005年9月16日　第１版第２刷発行

著　者　岩槻秀明

発行者　江口克彦

発行所　PHP研究所

東京本部　〒102-8331　千代田区三番町3番地10

児童書出版部　TEL03-3239-6255（編集）　普及一部　TEL03-3239-6233（販売）

京都本部　〒601-8411　京都市南区西九条北ノ内町11

PHP INTERFACE　http://www.php.co.jp/

印刷・製本所　凸版印刷株式会社

制作協力　PHPエディターズ・グループ

ISBN4-569-68527-7　79P　29cm　NDC451